配网工程土建施工培训教材

丽水正好电力实业集团有限公司 组编

中国电力出版社
CHINA ELECTRIC POWER PRESS

内容提要

本书主要介绍电力行业配网土建基础类施工作业内容，包括线路复测，基础分坑测量，杆基开挖，设备基础及管道开挖（平地），电缆管道（沟、井）制作，电缆沟支架安装，钢筋制作加工、安装绑扎，模板制作、加工、安装和拆除，混凝土基础施工等，并针对各部分作业内容的作业方法、流程和注意事项等进行了深入分析和讲解。

本书图文并茂，通俗易懂，可以作为电网企业配网施工人员入职教育培训教材，也可以作为其他配网施工企业开展职业培训的参考材料。

图书在版编目（CIP）数据

配网工程土建施工培训教材 / 丽水正好电力实业集团有限公司组编 . — 北京：中国电力出版社，2024.5

ISBN 978-7-5198-8832-9

Ⅰ .①配… Ⅱ .①丽… Ⅲ .①配电系统 – 电力工程 – 工程施工 – 技术培训 – 教材 Ⅳ .① TM727

中国国家版本馆 CIP 数据核字（2024）第 080996 号

出版发行：中国电力出版社
地　　址：北京市东城区北京站西街 19 号（邮政编码 100005）
网　　址：http://www.cepp.sgcc.com.cn
责任编辑：穆智勇
责任校对：黄　蓓　马　宁
装帧设计：张俊霞
责任印制：石　雷

印　　刷：北京雁林吉兆印刷有限公司
版　　次：2024 年 5 月第一版
印　　次：2024 年 5 月北京第一次印刷
开　　本：710 毫米 ×1000 毫米　16 开本
印　　张：8.75
字　　数：130 千字
定　　价：52.00 元

编委会

随着经济社会的快速发展，电力行业作为国民经济的重要支柱产业，其建设施工质量日益重要，而其中的配网工程土建施工的重要性日益凸显。配网工程土建施工一直以来都是电力行业的重要组成部分，其发展历史与电力行业的发展历程紧密相连。随着技术的不断进步和电网建设的不断完善，人们对电力设备基础建设和安装的要求也在不断提高。因此，需要配网工程土建施工人员不断提升自己的专业技能，以适应新形势下的电力行业发展。

为帮助从业人员掌握实用的施工方法和技能，本教材系统总结配网工程土建施工的经验和技术，全面介绍线路复测，基础分坑测量，杆基开挖，设备基础及管道开挖（平地），电缆管道（沟、井）制作，电缆沟支架安装，钢筋制作加工、安装绑扎，模板制作、加工、安装和拆除，混凝土基础施工等内容。特点是系统全面，实用性强，内容紧密结合实际施工，便于读者将理论学习与实际操作相结合。

本教材适合配网类施工从业人员、相关专业学生以及电力行业的管理者和技术人员阅读，并可作为培训教材使用。建议读者在学习过程中注重理论联系实际，结合本教材所学知识进行实际操作，以便更好地掌握相关技能。

在教材编写过程中，很多专家、学者和同行提供了帮助和支持，在此表示感谢。由于编者的时间和水平所限，书中难免存在不同之处，欢迎读者提出宝贵意见和建议。

编者

2024 年 4 月

目录

配网土建基础施工是电力工程建设的关键环节，直接影响到配网的安全稳定运行。土建基础施工包括基坑开挖、基础结构施工、混凝土浇筑、模板制作和拆除等关键工序。此外，土建基础施工还需进行现场勘查、测量、材料准备、人员配备等诸多前期工作。同时，施工过程中的机械设备选择、工艺方法确定、安全操作规范等方面也需要高度重视，以确保施工质量和安全。

为了帮助读者对配电网土建基础施工有一个全面系统的了解，本教材系统总结配网工程土建施工的经验和技术，全面介绍线路复测，基础分坑测量，杆基开挖，设备基础及管道开挖（平地），电缆管道（沟、井）制作，电缆沟支架安装，钢筋制作加工、安装绑扎，模板制作、加工、安装和拆除，混凝土基础施工等内容，以便使读者能够充分掌握配电网土建基础施工的技术要点。

第一章

线路复测

　　本章内容为线路复测流程，主要介绍复测过程中所使用仪器的基本功能和使用方法，配电线路中常用的测量方法及桩位复核等基本操作流程要点。

　　线路杆塔位中心桩的具体位置，是由设计人员根据所建架空线的弧垂、地物、地貌、地质、水文等有关技术参数，通过测绘线路断面图来确定的。从设计定位到现场具体施工，还需经过电气、结构的设计周期，往往中间会间隔一段较长的时间。在这段时间里，因农耕、泥石流、滑坡、塌方或其他原因现场可能会出现杆塔桩位偏移或桩丢失等情况；或者在线路的原有路径上又新增了地物，如倾倒了建筑垃圾、堆土等，改变了原有的路径断面。因此在线路进场施工前，应按照有关技术标准、规范对设计测量钉立的杆塔位中心桩位置进行全面复测核对。一旦发现桩位偏移或丢桩情况，应及时纠偏或补钉丢失桩。桩位复测的目的是避免认错桩位、纠正偏移的桩位和补钉丢失桩。施工复测的测量方法与设计测量流程一致。

第一节　经纬仪的安置

一、对中

对中的目的是将经纬仪纵轴安置到测站点中心的铅垂线上。以J2—1型光学经纬仪为例，其外形及各外部构件名称如图1-1所示，其实物如图1-2所示。

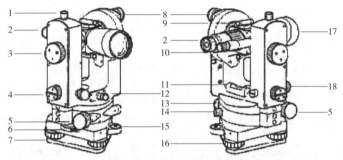

图 1-1　J2—1 型光学经纬仪外形及各外部构件名称

1—垂直制动螺旋；　　　　2—望远镜目镜；　　　　3—度盘读数测微轮；
4—度盘换像轮；　　　　　5—水平微动螺旋；　　　　6—水平度盘位置变换轮；
7—基座；　　　　　　　　8—垂直度盘照明镜；　　　9—瞄准器；
10—读数目镜；　　　　　11—平盘水准管；　　　　　12—光学对中器；
13—水平度盘照明镜；　　14—水平制动螺旋；　　　　15—基座圆水准器；
16—脚螺旋；　　　　　　17—望远镜物镜；　　　　　18—垂直微动螺旋

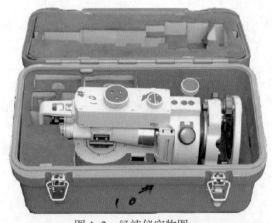

图 1-2　经纬仪实物图

1. 对中前的准备工作

（1）松动三脚架伸缩自动旋钮，高度拉伸至站立人体的胸口部位，固定伸缩自动旋钮。

（2）张开三脚架，使三个脚尖的着地点大致与地面的测站点等距离，保持三脚架设备台目测水平位置，且位于控制点正上方，如图1-3所示。

图 1-3　三脚架搭置

（3）打开仪器箱，记录一下仪器放置的方向，以便于使用完毕后原样放回。从仪器箱中取出经纬仪，一般右手侧拿经纬仪，左手下托仪器，放到三脚架设备台上，一边扶住经纬仪，一手将三脚架上的连接螺杆旋入经纬仪基座中心螺孔，固定完毕。

2. 对中方法

可用垂球或经纬仪的光学对中器对中。

（1）用垂球对中。

1）把垂球挂在连接螺旋中心的挂钩上，如图1-4所示，调节垂球线长度，使垂球尖离地面约5mm。

2）如果与地面点中心的偏差较大，可平移三脚架，使垂球尖大致对准地面点中心，将三脚架的脚尖踩入土中（在硬性地面上则用力踩紧）使三脚架稳定。

3）当垂球尖与地面点中心偏差不大时，可稍放松连接螺旋，在三脚架头上移动仪器，使垂球尖对准地面点，然后将连接螺旋拧紧。

4）用垂球对中的误差应小于2mm。

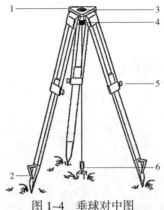

图 1-4　垂球对中图

1—三脚架设备台；2—三脚架尖；3、4—连接螺旋；5—脚架腿伸缩制动螺旋；6—垂球

（2）用光学对中器对中。光学对中器是装在照准部的一个小望远镜，光路中装有直角棱镜，使通过仪器纵轴中心的光轴由铅垂方向转折成水平方向，便于从对中器目镜中观测，如图1-5所示。

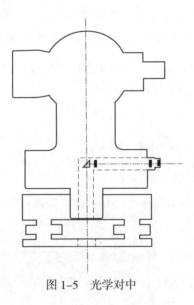

图 1-5　光学对中

光学对中的操作步骤如下：

1）安置三脚架使架头大致水平，目估初步对中。

2）转动对中器目镜调焦螺旋，使对中标志（小圆圈或十字丝）清晰，转动对中器物镜调焦螺旋，使地面点清晰。

3）旋转仪器脚螺旋，使地面点的像移动至对中标志的中心；然后伸缩三脚架的支腿，使圆水准器的气泡居中。

4）旋转仪器脚螺旋，使平盘水准管在两个相互垂直的方向上气泡都居中。

5）从光学对中器目镜中检查与地面点的对中情况有偏离时，可略松连接螺旋，将仪器在三脚架头上做微小的平移，使对中误差小于1mm。

二、整平

整平的目的是使经纬仪的纵轴严格铅垂，从而使水平度盘和横轴处于水平位置，垂直度盘位于铅垂平面内。方法是旋转脚螺旋使平盘水准管气泡严格居中，具体操作步骤如下：

（1）松开水平制动螺旋，转动照准部使水准管大致平行于任意两个脚螺旋，如图1-6（a）所示，两手同时向内或向外转动脚螺旋，使气泡严格居中，达到水平调平，实物图如图1-7所示。气泡移动方向与左手大拇指转动方向相一致。

（2）将照准部旋转约90°，如图1-6（b）所示，旋转另一个脚螺旋，使气泡严格居中，达到竖直调平，实物图如图1-8所示。

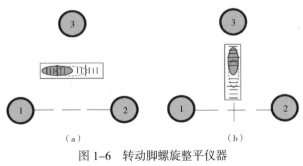

图1-6 转动脚螺旋整平仪器
（a）水平调平；（b）竖直调平

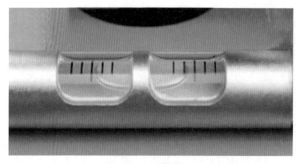 

图 1-7　水平调平　　　　　　　　　　图 1-8　竖直调平

　　以上操作需重复进行，如果水准管位置正确，则照准部旋转到任何位置时，水准管气泡总是居中的，其容许偏差应小于1格。

第二节　照准标志及瞄准方法

一、照准标志

　　角度观测时，地面的目标点上必须设立照准标志后才能进行瞄准。照准标志一般是竖立于地面点上的标杆或标牌，如图1-9所示。标杆适用于离测站较远的目标；测钎适用于较近的目标；标牌为较理想的照准标志，远近都适用。

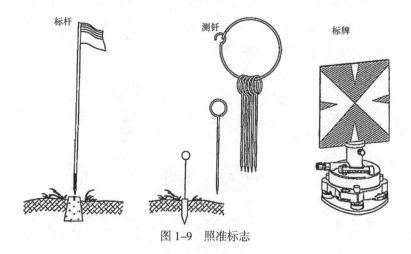

图 1-9　照准标志

二、用望远镜瞄准目标的方法和步骤

（1）目镜调焦：将望远镜对向白色或明亮背景（例如白墙或天空），转动目镜调焦螺旋，使十字丝最清晰。

（2）寻找目标：松开水平和垂直制动，通过望远镜上的瞄准器大致对准目标，然后拧紧水平和垂直制动。

（3）物镜调焦：转动物镜调焦环，使目标的像最清晰，旋转水平或垂直微调，使目标像靠近十字丝，如图1-10（a）所示。

（4）消除视差：上下或左右移动眼睛，观察目标像与十字丝之间是否有相对移动；发现有移动，则存在视差，说明目标与十字丝的成像不在同一平面上，就不可能精确地瞄准目标。因此，需要重新进行物镜调焦，直至消除视差为止。

（5）精确瞄准：用水平和垂直微调使十字丝精确对准目标，如图1-10（b）所示。观测水平角时，以纵丝对准；观测垂直角时，以横丝对准；同时观测水平角和垂直角时，二者必须同时对准，即以十字丝中心对准目标中心，其实物瞄准如图1-11所示。

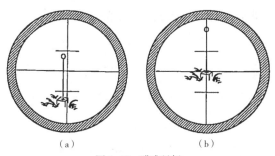

（a）   （b）

图1-10　瞄准目标

（a）物镜调焦；（b）精确瞄准

图 1-11　实物瞄准

第三节　读数

　　经纬仪的度盘读数装置包括光路系统及测微器，读数时应打开反光镜，使读数窗内亮度适中，读数采用的是分微尺测微器读数法。度盘有水平度盘和垂直度盘两种，上有刻划线，经照明后通过一系列棱镜和透镜，最后成像在望远镜旁的读数窗内。下面介绍常用的分微尺测微器读数方法。

　　（1）如图 1-12 读数度盘所示，经纬仪度盘读数窗测微尺上有 60 个小格，一小格代表 1′。读数方法如下：按测微尺与度盘刻划相交处读取"度"数，如图中为 112°，从测微尺上的格子读取"分"数，如 54′，"秒"数则估读至54″。因此图 1-12 中水平度盘读数为 112°54′54″。

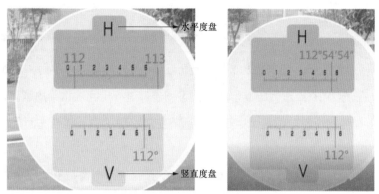

图 1-12　刻盘显示

（2）如图 1-13所示将读数直接显示屏幕上。

图 1-13　显示屏幕

第四节　水平角观测方法

常用的水平角观测方法有测回法和方向观测法两种。

一、测回法

如图1-14所示，在测站B需要测定BA、BC两方向间的水平角，在B点安置经纬仪，在A点和C点设置瞄准标志，按下列步骤进行测回法水平角观测。

（1）在经纬仪盘左位置（竖盘在望远镜左边，称正镜）瞄准左面目标C，读得水平度盘读数$c_{左}$。

（2）瞄准右面目标A，读得水平度盘读数$a_{左}$，盘左位置测得的半测回水平角值为

$$\beta_{左} = a_{左} - c_{左}$$

（3）倒转望远镜成盘右位置（竖盘在望远镜右边，又称倒镜），瞄准右目标A，得水平度盘读数$a_{右}$。

（4）瞄准左目标C，得水平度盘读数$c_{右}$，则盘右半测回水平角值为

$$\beta_{右} = a_{右} - c_{右}$$

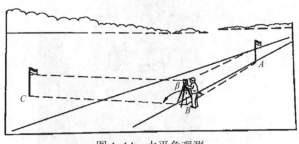

图1-14 水平角观测

用盘左、盘右两个位置观测水平角（称为正倒镜观测），可以消除仪器误差对测角的影响，同时可以检核观测中有无错误。用DJ6经纬仪观测水平角时，如果左与右的差数不大于40″，或用DJ2经纬仪时，左与右的差数不大于12″，则取盘左、盘右角值的平均值作为一测回水平角观测的结果，即

$$\beta = \frac{1}{2}(\beta_{左} + \beta_{右})$$

表1-1为测回法水平角观测记录。

表 1-1　　　　　　　　　　　测回法水平角观测记录

测站	目标	竖盘位置	水平度盘读数			半测回角值			一测回平均值		
			°	′	″	°	′	″	°	′	″
B	C	左	0	20	48	125	14	12	125	14	21
	A		125	35	00						
	C	右	180	21	12	125	14	30			
	A		305	35	42						

二、方向观测法

在一个测站上需要观测2个或2个以上水平角时，可以采用方向观测法观测水平方向值，任何两个方向值之差即为该两方向间的水平角值。

继续向前转到第一个目标进行第二次观测，称为归零。此时的方向观测法因为旋转了一个圆周，所以称为全圆方向法。

如图1-15所示，设在测站C上要观测A、B、D、E四个目标的水平方向值，用全圆方向法观测的方法和步骤如下。

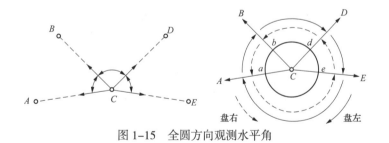

图 1-15　全圆方向观测水平角

1.经纬仪盘左位置

（1）大致瞄准起始方向目标A，旋转水平度盘位置变换轮，使水平度盘读数置于零度附近，精确瞄准目标A，水平度盘读数为a_1。

（2）顺时针旋转照准部，依次瞄准目标B、D、E，相应的水平度盘读数为b、d、e。

（3）继续顺时针旋转照准部，再次瞄准起始方向目标A，水平度盘读数为a_2。读数a_1与a_2之差称为半测回归零差，若在允许范围内（见表1-2），则取其平均值。

表 1-2   全圆方向法观测水平角的各项限差

经纬仪级别	半测回归零差（″）	2C值变化范围（″）	同一方向各测回互差（″）
DJ2	8	13	9
DJ6	18	–	24

2.经纬仪盘右位置

（1）瞄准起始方向目标A，水平度盘读数为a'_1。

（2）逆时针旋转照准部，依次瞄准目标E、D、B，相应的水平度盘读数为e'、d'、b'。

（3）继续逆时针旋转照准部，再次瞄准目标A，水平度盘读数为a'_2。a'_1与a'_2之差为盘右半测回归零差，若在允许范围内，则取其平均值。

以上操作完成全圆方向法一测回的观测，观测2个测回的全圆方向法观测记录如表1-3所示。

在一个测回中，同一方向水平度盘的盘左读数与盘右读数（±180°）之差称为2C（两倍视准差），即

$$2C = R_左 - (R_右 \pm 180°)$$

式中：R为任一方向的方向观测值。2C值是仪器误差和方向观测误差的共同反映。

如果主要属于仪器的误差（系统误差），则对于各个方向，2C值应该是一个常数；如果还含有方向观测的误差（偶然误差），则各个方向的2C值有明显的变化。如果2C值的变化在允许范围（表1-2）内，没有超限，则对于每一个方向，取盘左、盘右水平方向值的平均值为

$$R = \frac{1}{2}[R_左 + (R_右 \pm 180°)]$$

表 1-3　　　　　　　　　　全圆方向法水平角观测记录

测站	测回数	目标	水平度盘读数						2C	盘左盘右平均读数			归零方向值			各测回归零方向平均值		
			盘左			盘右												
			°	′	″	°	′	″	″	°	′	″	°	′	″	°	′	″
C	1									(0	02	06)						
		A	0	02	06	180	02	0	+6	0	02	03	0	00	00			
		B	51	15	42	231	15	30	+12	51	15	36	51	13	30			
		D	131	54	12	311	54	00	+12	131	54	06	131	52	00			
		E	182	02	24	182	02	24	0	182	02	24	182	00	18			
		A	0	02	12	180	02	06	+6	0	02	09						
	2									(90	03	32)						
		A	90	03	30	270	03	24	+6	90	03	27	0	00	00	0	00	00
		B	141	17	00	321	16	54	+6	141	16	57	51	13	25	51	13	28
		D	221	55	42	41	55	30	+12	221	55	36	131	52	04	131	52	02
		E	272	04	00	92	03	54	+6	272	03	57	182	00	25	182	00	22
		A	90	03	36	270	03	36	0	90	03	36						

如果在一个测站上对各个水平方向值需要观测 n 个测回，则各个测回间应将水平度盘的位置改变 $180°/n$。例如观测 2 测回，则起始方向的水平度盘读数应分别在 0° 和 90° 附近；观测 3 测回，则起始方向的水平度盘读数应分别在 0°、60° 和 120° 附近。

为了便于将各测回的方向值进行比较和最后取其平均值，把各测回中的起始方向值都化为 0° 00′00″，方法是将其余的方向值都减去原起始方向的方向值，称为归零方向值。各测回的归零方向值就可以进行比较，如果同一目标的方向值在各测回中的互差未超过允许值（表 1-2），则取各测回中每个归零方向值的平均值。

第五节 线路复测的要求

输配电线路杆塔基础位置是由设计部门精心测定的杆塔中心桩而确定，一般不会有超出的误差。但从勘察设计结束到进入现场施工会相隔一段时间，期间可能会受到外界因素影响发生杆塔桩移位或丢桩的情况。因此工程开工时，要会同原设计部门对线路各杆塔桩及杆塔间档距进行全面复测，发现和原数据不符、杆塔偏移或丢桩时，应及时与设计部门联系，恢复校正档距、桩位、补桩，然后再进场施工。

（1）直线杆塔复测。以直线桩为基准用分中法或前视法检查杆塔中心桩，如发现有误差，应以设计勘测钉立的两相邻直线桩为基准，其横线路方向偏移应不大于50mm。

（2）顺线路方向两相邻杆塔中心桩间距离用经纬仪视距法复测，其误差应不大于设计档距的1%。

（3）转角杆塔桩用测回法测一个测回，测得的角度值与原设计角度值之差应不大于1′30″。

（4）设计交桩后丢失杆塔中心桩，应按设计数据予以补钉，其测量精度应符合现行架空线路测量技术规定。

对丢失的直线杆塔中心桩，可用正倒镜分中法补测，对丢失的转角桩可按图1-16所示，将经纬仪安平于C_2点，用正倒镜分中法定出A、B两点，再将仪器安平在C_3点，用同样方法定出C、D两点，AB、CD两线之交点J_1即为转角点。

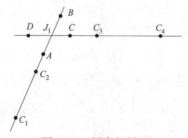

图1-16 转角桩补测

（5）视距法复测标高，对地形变化较大和杆塔桩位间有跨越物时，应重点对杆塔位中心桩处、地形凸起点及被跨越物标高进行复核，与设计值的误差不应超过 0.5m。

（6）杆塔中心桩与其他辅助桩、直线桩的桩号、标记如有模糊、遗漏，应重新标记。废置无用的桩应拔除，以防误认。市镇、交通频繁地区，杆塔桩周围应钉保护桩，以防碰动或丢失。

（7）经过复测、核实设计勘测时所钉桩的位置、编号、方向、距离、标高，都应与线路平断面图上杆塔排位相符。复测后如发现超出误差允许值，应报技术部门协同设计部门处理。

第六节　　线路复测的步骤

一、直线杆塔桩位的复测

直线杆塔桩位复测，是以两相邻的直线桩为基准采用重转法即正倒镜分中来复测杆塔位中心桩位置是否在线路的中心线上，如图 1-17（a）所示。图中 Z_1、Z_2 为直线桩，2号为直线杆塔中心桩。将仪器安置在 Z_2 桩上，正镜后视 Z_1 桩上的标杆，然后竖转望远镜，前视2号杆塔桩，在2号杆塔桩左右测得 A 点；沿水平方向旋转望远镜，即倒镜瞄准 Z_1 桩，再竖转望远镜前视2号杆塔桩，在2号杆塔桩左右测得 B 点，量取 AB 中点 C，如 C 点与2号桩重合，表明该直线杆塔桩位是正确的，如不重合时，量取 C 至2号桩的水平距离 D，D 为杆塔桩的横线路方向偏移量。直线杆横线路方向位移 D 不应超过 50mm，如不超过该限值，则为合格；超过时，应将杆塔位移至 C 点上，以 C 点作为改正后的杆塔桩位。

正倒镜分中法是直线杆塔桩位复测的常用方法，还有一种方法是用测水平角的测回法来确定，如图 1-17（b）所示。图中 Z_2，Z_3 为直线桩，2号为直线杆塔中心桩。将仪器安置在2号桩上，依据后视 Z_2 桩为基准，实测 Z_2、2号及 Z_1 桩所构成的水平角是否为 180°。若实测水平角平均值在 180°±1′ 以内，则认为杆塔中心桩2号是在线路的中心线上；若实测水平角平均值超过180°1′，则认为杆塔中心桩位置发生了偏移，根据角度和桩间距离可计算出偏移值。如果横线路方向偏移值超出允许值，需采用正倒镜分中法予以纠正。

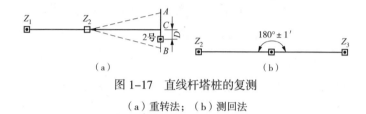

图 1-17　直线杆塔桩的复测

（a）重转法；（b）测回法

二、转角杆塔桩位的复测

转角杆塔桩位的复测是采用一测回法复测线路转角的水平角度值，看其复测值是否与原设计的角度值相符合。一般往往存在一定的偏差，但偏差量不应大于1′30″。如图1-18所示，将仪器安置在转角桩上，瞄准后视方向直线桩 Z_5（或转角桩），前视直线桩 Z_6（或转角桩）。测其右转角 β。用测回法施测，一测回。如所测角度值不大于误差规定值，则认为合格；如误差超过规定值，则应重新仔细复测以求得正确的角度值。如角度有错误，应立即与设计人员联系，研究改正。线路转角杆塔桩的角度是指转角桩的前一直线的延长线与后一直线的夹角，如图1-18所示中的 α。在前一直线延长线左侧的角叫左转角，在右侧的角叫右转角。当测得的水平角值小于180°时，其角值为 $\alpha=180°-\beta$，得到右转角的角值；水平角值大于180°时，角值为 $\alpha=\beta-180°$，得到左转角的角值。图1-18中的 α 角就是线路的左转角度，复测时用这个角值与设计图纸提供的角值对比，判定转角桩的角度是否符合要求。

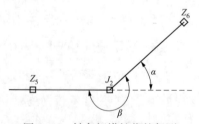

图 1-18　转角杆塔桩位的复测

三、档距和标高的复测

线路杆塔的高度是依据地形、交跨物的标高和导线的最大弧垂及杆塔的使用条件来确定的。因此，若相邻杆塔桩位间的档距及杆塔位置、断面标高发生测量错误或误差较大，将会引起导线对地或对被跨物的安全电气距离不够，或者超出杆塔使用条件，若线路竣工后发现这样的问题，势必返工，造成人力、物力等方面的浪费。所以复测工作非常重要，它是有可能发现设计测量错误的重要环节。

直线杆顺线路方向位移，35kV架空电力线路不应超过设计档距的1%，10kV及以下架空电力线路不应超过设计档距的3%。

复测工作可采用经纬仪视距法、全站仪的光电测距或GPS/北斗全球定位。

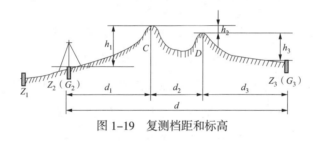

图 1-19 复测档距和标高

图 1-19 中 Z_1、Z_3 为直线桩 Z_2 前后方向上的直线桩，同时 G_2、G_3 分别为 Z_2、Z_3 杆塔中心桩，两杆塔之间有两个地物 C、D，则 G_2-G_3 间的档距及 C、D、G_3 点的标高复测方法如下：

（1）将仪器安置在直线桩 Z_2 上，用正镜后视直线桩 Z_1 上的棱镜（以 Z_1 为后视方向），置零，然后倒转望远镜，得出线路的前视方向；再将棱镜置于线路前视方向能看得见的 C 点，测量出 Z_2-C 点间的档距 d_1 及高差 h_1。

（2）将仪器搬至 C 点上，用正镜后视直线桩 Z_2 上的棱镜（以 Z_2 为后视方向），置零，然后倒转望远镜，得出线路的前视方向；假设 C 点无法看见 Z_3，则将棱镜置于线路前视方向能看得见的 D 点，测量出 C-D 点间的档距 d_2 及高差 h_2。

（3）将仪器搬至 D 点上，用正镜后视直线桩 C 上的棱镜（以 C 为后视方向），置零，然后倒转望远镜，得出线路的前视方向，测量出 D-Z_3 点间的档距 d_3 及高差 h_3。

（4）假设 C 点能看见 Z_3，在 C 点可以直接测出 C-Z_3 点间的档距 d_2+d_3 及高差 h_2+h_3。

（5）通过以上测量数据可以得 G_2~G_3 的档距为 $d=d_1+d_2+d_3$，高差为 $h=h_1+h_2+h_3$，C 点的标高（高程）为 HZ_2+h_1，D 点的标高（高程）为 $HZ_2+h_1+h_2$，Z_3（G_3）点的标高（高程）为 $HZ_2+h_1+h_2+h_3$。HZ_2 为 Z_2（G_2）的标高（高程）。

（6）最后将复测结构与原设计值相比较，检查是否符合限差要求（相邻杆塔位中心桩间档距复测值相对设计值的偏差不大于1%，地形及杆塔位的标高或高差的偏差不大于300mm）。若误差超过限差，应查明原因，予以纠正；若不纠正，将会引起导线对地或跨越物的安全距离减少，电气距离不满足相关要求，若误差太大可能导致杆塔强度等不满足设计要求等问题。

当实际工程中 Z_2 为转角桩且仪器架设在转角桩 Z_2 上时（转角桩一般是 J 桩），以 Z_1 为后视方向置零后，倒转望远镜，然后根据左（右）转的转角度数将仪器望远镜沿水平方向左（右）旋转至相应的度数，得出线路的前视方向，其他与以上复测方法一样，不再阐述。

四、补桩测量

有两种情况需要补桩：一是由于设计测量到施工测量要经过一段时间，因外界影响，当杆塔桩丢失或移位时，需要补桩测量，称为丢桩补测；二是设计时某杆塔位桩由某控制桩位移得到，如5号的杆塔位置为 Z_5+30，即5号的位置由 Z_3 桩前视30m定位，这也需要复测时补桩测量，称为位移补桩。补桩测量应根据塔位明细表、平断面图上原设计的桩间距离、档距、转角度数进行补测钉桩，并按现行的架空送电线路测量技术规定进行观测。

1.补直线桩

直线桩丢失或被移动，应根据线路断面图上原设计的桩间距离，用正、倒镜分中延长直线法测定补桩。

2.补转角杆塔位桩

当个别转角杆塔位丢桩后，应做补桩测量，施测方法如图1-20所示。设图中J_2为丢失的转角桩，将仪器安置于Z_5桩上，以后视Z_4为依据标定线路方向，采用正、倒镜分中延长直线的方法，根据设计图纸提供的柱间距离，在望远镜的前视方向上，J_2的前后分别钉A、B两个临时木桩，并钉上小铁钉。再将仪器移至直线桩Z_6上安置，以前视直线桩Z_7为依据，依上述方法，分别钉立C、D临时木桩。四个临时木桩应选在丢失的转角桩J_2附近，钉桩高度适中。然后用细线分别绑在A和B、C和D的小铁钉上，并且拉紧扎牢，AB与CD两线相交点即为J_2。在转角桩中心位置补钉上J_2转角桩，再用垂球线沿交点放下，垂球尖对准面钉上小铁钉标记，则完成补转角桩测量。

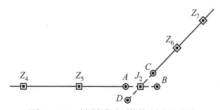

图1-20　补转角杆塔位桩的测量

若补测的转角桩J_2周围地形较平，且仪器安置在Z直线柱时，通过望远镜能清楚看到A、B两钉连接的细线，也可不钉C、D临时木桩，在望远镜十字丝与A、B细线的交点直接钉木桩和小铁钉。

第七节　打辅助桩

当线路杆塔中心桩复测确定后，应及时在杆塔中心桩的纵向及横向打立辅助桩。打立辅助桩的目的是预备施工时标定仪器的方向，当基础土方开挖施工或其他原因使杆塔中心桩覆盖、丢失或被移动时，可利用辅助桩位恢复杆塔中心桩原来的位置；还可用来检查基础根开、杆塔组立质量。因此辅助桩又被称为施工控制桩。

直线杆塔辅助桩的测钉方法如图1-21所示。将仪器安置在杆塔位中心桩上，用望远镜瞄准前后杆塔桩或直线桩，在视线方向上离本杆塔桩位不远处的合适位置钉立A辅助桩，倒镜视线上钉立C辅助桩，通常A、C称为顺线路或纵向辅助桩；然后将望远镜沿水平方向旋转90°，再在线路中心线垂直方向上钉立B、D两辅助桩，B、D称为横向辅助桩。

辅助桩的位置应根据地形情况而定，应选择在较稳妥又不易受碰动的地方为宜。当遇有特殊地形不便在杆塔桩两侧钉立桩时，也可以在同一侧钉两个辅助桩（见图1-21中的B'桩）。

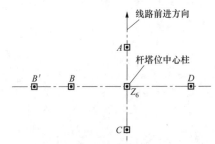

图1-21　直线杆塔辅助桩的测钉

【思考与练习】

1.线路复测内容有哪些？

2.线路复测有哪些注意事项？

【知识延伸】

线路复测是线路施工的第一道重要工序，也是发现和纠正设计测量错误的重要环节，关系到整个线路工程的质量。因此，在复测中还应注意以下事项：

（1）在线路施工复测中使用的仪器和量具都必须经过检验和校正。

（2）在复测工作中，应先观察杆塔位桩是否稳固，有无松动现象。如有松动,应先将杆塔位桩钉进行稳固,再进行复测。

(3)复测后的杆塔位桩上应清楚注记文字或符号,并涂上与设计测量不同的颜色进行标识,以示区别和确认复测成果。

(4)废置无用的桩应拔掉,以免混淆。

(5)在城镇或交通频繁地区,在杆塔桩周围应钉保护桩,以防碰动或丢失。

第二章

基础分坑测量

本章主要介绍配电线路基础分坑定位的测量方法，包括坑洞基础几何尺寸计算，直线与耐张基础、拉线坑洞分坑的定位。通过归纳要点，掌握线路基础与拉线分坑测量定位的操作步骤和注意事项。

完成线路杆塔桩位复测工作之后，即可进行每基杆塔基础坑位测量及坑口放样的分坑测量。

分坑测量的依据是每基杆塔基础的型号（可由型号图查出基础的各部尺寸）和坑深，这些数据是基础的实际指标数。但在坑口放样时必须考虑基础施工中的操作宽度及基础开挖的安全坡度系数，因此，分坑测量包括坑口放样尺寸数据的计算和坑位测量两个步骤。

这里主要介绍中压配电线路基础坑的测量方法，低压配电线路基础坑的测量可参考进行。

第一节　坑口尺寸数据计算

某铁塔基础坑剖视图如图2-1所示，图中字母含义如下：

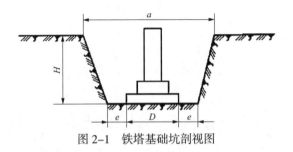

图2-1　铁塔基础坑剖视图

*D*表示基础设计宽度，m；*H*表示高度，m；*e*表示施工作业面宽度，m；*α*表示开挖基础坑洞口放样时的宽度尺寸，可用下式计算得到

$$\alpha = D + 2e + 2fH \qquad (2-1)$$

式中：*f*为基础坑安全放坡系数，其与土壤的成分有关。对于不同的土壤，其放坡系数*f*值不一样，见表2-1。

表2-1　　　　　一般基坑开挖的安全放坡系数

土壤类别	砂土、砾土、淤泥	砂质黏土	黏土、黄土	坚土
安全放坡系数 *f*	0.75	0.5	0.3	0.15
作业面宽度 *e*（m）	0.3	0.2	0.1~0.2	0.1~0.2

【例2-1】如图2-1所示，观察基坑表面土质为黄土，设计基坑的坑深*H*=2.0m，基础底宽*D*=2.2m，试求基坑坑口的放样尺寸*a*应为多少？

解：由表2-1查得黄土的放坡系数*f*=0.3，考虑取*e*=0.1m，则坑口的宽度为

$$\alpha=D+2e+2fH=2.2+2\times0.1+2\times0.3\times2.0=3.6（m）$$

第二节　基础坑位的测量方法

一、直线四脚铁塔基础的分坑测量

直线四脚铁塔本身结构的特点，铁塔基础坑型式可归结为三种类型：①基础根开相等，坑口宽度也相等；②基础根开不等，但坑口宽度相等；③基础根开不等，坑口的宽度也不相等。下面分述常见的前两种基坑的测量方法。

1.等根开等坑口宽度基础（正方形基础）的分坑测量

分坑测量步骤如下所示，分坑图如图2-2所示。

（1）塔位中心桩O点距坑中心及远角点、近角点距离E_0、E_1、E_2分别为

$$E_0 = \frac{\sqrt{2}}{2}x$$

$$E_1 = \frac{\sqrt{2}}{2}(x+a)$$

$$E_2 = \frac{\sqrt{2}}{2}(x-a)$$

（2）在塔位中心桩O点安置仪器，经纬仪前视或后视相邻杆塔位中心桩，水平度盘置零，然后仪器转45°，在此方向线上定出辅助桩A、C，继续转135°，定出辅助桩B、D。

（3）以O点为零点，在OA方向线上量水平距离E_1、E_2得1、2两点。取$2a$尺长，尺两端分别与1、2点重合，在尺中部a处拉紧即勾出点3，折向另一侧得点4，点1、2、3、4的连线即为所要求的坑口位置。

（4）同理，勾画出另外三个坑位。

2.不等根开等坑口宽度基础（矩形基础）的分坑测量

由图2-3可以看出，基础的两个根开X和Y不相等，使各基础杆坑中心连线所组成的图形为矩形，因此称其为矩形基础。

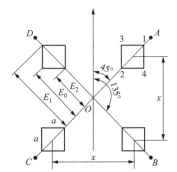

图 2-2　直线铁塔正方形基础分坑

a—坑口边长；x—根开

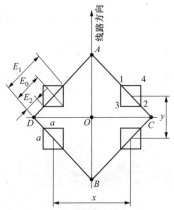

图 2-3　直线铁塔矩形基础分坑

a—坑口边长；x—横线路根开；y—顺线路根开

这种基础坑口的内、外对角顶点不能同时在矩形基础的对角线上。所以，就不能利用图2-2的分坑方法进行分坑测量。矩形基础的分坑方法有多种，简单介绍一种实用方法如下：

（1）D点距坑中心及远角点、近角点距离 E_0、E_1、E_2 分别为

$$E_0 = \frac{\sqrt{2}}{2} y$$

$$E_1 = \frac{\sqrt{2}}{2} (y + a)$$

$$E_2 = \frac{\sqrt{2}}{2} (y - a)$$

（2）在塔位中心桩 O 点设置仪器，经纬仪前视相邻杆塔位中心桩，在此方向线上以 O 点为零点量取 $OA = \frac{1}{2}(x+y)$，得 A 辅助桩；倒转镜头，在 AO 的延长线上量取 $OB = \frac{1}{2}(x+y)$，得 B 辅助桩。然后，仪器水平转 $90°$，在此方向上以 O 点为零点量取 $OC = \frac{1}{2}(x+y)$，倒转镜头，在 CO 延长线上量取 $OD = \frac{1}{2}(x+y)$，即得 C、D 两辅助桩。

（3）以 C 点为零点，在 CA 方向线上量水平距离 E_1、E_2 得 1、2 两点。取 $2a$ 尺长，尺两端分别与 1、2 点重合，在尺中部 a 处拉紧即勾出点 3，折向另一侧得点 4，点 1、2、3、4 的连线即为所要求的坑口位置。

（4）分别以 C、D 点为零点，在 CB、DA、DB 方向线上量取 E_1、E_2 值，以同样的方法勾画出另外三个坑位。

需要说明的是，当 $x=y$ 时，矩形铁塔基础就变成了正方形铁塔基础，所以说正方形铁塔基础只是矩形铁塔基础的一种特殊形式。

一般情况下（地形较好时），正方形铁塔基础的分坑方法也最好采用矩形铁塔基础的分坑方法（见图2-3）。因为该种方法分坑时四个辅助桩是闭合的，校对四个辅助桩的相互距离无误后，可保证基础坑的位置、找正各层模板及地脚栓位置的准确性。

二、转角杆塔基础的分坑测量

转角铁塔的塔位桩有两种型式：一种是杆塔位中心柱就是转角塔的塔位桩，称为无位移转角塔；另一种是杆塔位中心柱不是转角塔的塔位柱，即实际的转角塔位桩与杆塔位中心柱之间有一段距离 s，称为有位移转角塔。

1.无位移转角铁塔基础的分坑测量

图2-4所示是一个左转角的无位移转角塔基础示意图，设它的转角值为 θ。其辅助桩的钉立及分坑方法如下：

（1）将经纬仪安置在转角塔位中心柱 O 点上，望远镜中心对准线路后视方

向上的直线杆位桩或直线，同时使水平度盘置零。然后顺时针旋转照准部，测出

$\dfrac{180° - \theta}{2}$ 的水平角，在望远镜正、倒镜的视线方向上钉立 A、C 两个辅助桩。再使

望远镜顺时针水平旋转 90°（此时角度为 $\dfrac{180° - \theta}{2} + 90°$ ），在望远镜的正、倒

镜视线方向上，钉立 D 和 B 辅助桩。

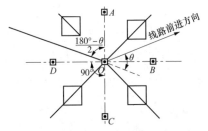

图 2-4　无位移转角铁塔基础的分坑测量

（2）由图 2-4 可以看出，A、B、C、D 四个辅助桩在两条互相垂直的直线上，BD 又恰好在 O 角的平分线上。

此种转角塔的基础根开和坑口宽度通常分别相等，因此其基础的分坑方法与正方形基础的分坑方法一致。

2.有位移转角塔基础的分坑测量

转角塔的塔位中心桩位移，是由于转角值较大，受转角塔的导线横担等因素的影响，使之在导线挂线后，引起线路方向的变化。为了消除这种影响，必须将转角塔位中心桩向线路转角内侧的角平分线方向平移 s。其分坑方法如下：

（1）图 2-5 所示是分坑测量示意图。将经纬仪安置于线路转角柱 O 点上，以后视直线桩为依据，测出 $\dfrac{180° - \theta}{2}$ 水平角，在望远镜正、倒镜视线方向上钉立 A 和 C 辅助桩；其后，在线路转角的内侧 OA 连线上截取 $OO_1 = s$，并钉立转角塔位中心 O_1。

（2）再将仪器移至 O_1 柱上安置，瞄准 A 柱后，使望远镜水平旋转 90°，在

正、倒镜视线方向上钉立B和D辅助桩。

（3）最后，根据上述钉立的四个辅助桩，按不等根开、不等坑口宽度铁塔基础的分坑方法进行分坑，大基坑在线路转角的外侧，小基坑在线路转角的内侧，如图2-5所示。

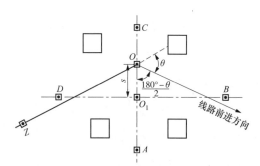

图2-5　有位移转角铁塔基础的分坑测量

三、直线双杆基础坑的分坑测量

直线双杆基础分坑如图2-6所示，分坑步骤如下。

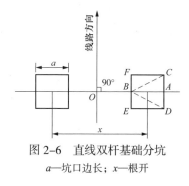

图2-6　直线双杆基础分坑

a—坑口边长；x—根开

（1）在杆位中心桩设测站，安置仪器。

（2）经纬仪水平度盘置零，前视或后视相邻杆塔中心桩；然后仪器转90°，在线路左、右两侧各定辅助桩。

（3）从中心桩O点起在横线路方向线上量水平距离$\frac{1}{2}(x+a)$与$\frac{1}{2}(x-a)$，得

A、B两点。

（4）取尺长为$\frac{1}{2}(1+\sqrt{5})a$，使尺两端分别与A、B点重合，在距A点$\frac{1}{2}a$尺长处拉紧皮尺得点C，折向AB另一侧得点D；同理，在距B点$\frac{1}{2}a$尺长处拉紧皮尺得点F，折向AB另一侧得点E。

（5）C、D、E、F点连线即为坑口位置。以同样方法可得出另一坑口位置。

四、拉线基础分坑测量

（1）拉线坑分坑时，应根据杆塔中心桩位置，做出与中心桩对应施工及质量控制的辅助桩，并做好记录，以便恢复该杆位中心桩。

（2）分坑口尺寸应根据基础埋深及土质情况而定，无规定时，可参考式（2-2）进行计算：

$$a=b + 0.2+\eta h \tag{2-2}$$

式中：a为坑口边长；b为底盘边长；η为坡度系数（根据土质决定，对于一般黏土可取0.4，对于坚硬土取0.3）；h为电杆高度。

（3）如图2-7所示，拉线坑与电杆的距离计算公式为

$$L = h \cdot \cot\alpha（\text{m}） \tag{2-3}$$

式中：h为电杆高度（从地面开始测量拉线悬挂点的高度）；cot为余切函数（$\cot45°=1$，$\cot30°=1.732$，$\cot60°=0.577$。）；α为拉线与电杆的夹角（技术规程规定拉线与电杆的夹角一般采用45°，在地形限制的情况下可采用30°或60°）。

【思考与练习】

1.如何进行直线双杆基础的分坑测量？
2.如何进行矩形基础的分坑测量？

【知识延伸】

分坑测量一般分为六步进行：

1. 根据设计图纸进行计算

要求严格按照设计尺寸及说明精确计算各腿的半根开、半对角线根开等。

2. 桩位复测

根据线路复测时所钉立的顺线路方向、横线路方向辅桩，检查塔位桩的位置是否正确，如有偏差应重新钉立塔位桩。直线塔及转角塔由横线路方向桩确定。

3. 初步分坑

按照设计要求确定降基的范围及深度。不等高基础的根开一般按四条腿分别给出正侧面根开，分坑时进行单腿分坑，按照具体情况还可选择：①变通井字形分坑法；②角度法分坑；③斜距分坑法等。

4. 降低基面、平整基础施工面

根据初步确定的腿中心位置，计算确定的各腿地脚螺栓之间的小根开尺寸、基础立柱顶面断面尺寸和基础底板尺寸等。确定降基的方位和深度后进行降低基面，开出基础坑施工基面并整平。

5. 混凝土（砼）中心找正

找正同初步分坑步骤相同，但是精度要求更高。为了获得更好的精度，可以尝试仪器原地不动，采用角度法再多次测量。

6. 检验

再次使用经纬仪和标尺，对所有中心和辅助桩进行检查核对，确认尺寸精度正确、标钎牢固。

第三章

杆基开挖

本章介绍杆基开挖的施工工艺，主要内容包括施工前准备、施工流程和施工工艺要点。通过要点归纳，掌握杆基开挖过程中的质量标准、操作步骤和注意事项。

第一节　施工作业前准备

一、机械、工器具准备

根据作业要求，将施工机械设备、工器具及其相应的进场清单、检验报告、试验报告、规格、型号等相关资料准备齐全并进行报审。其中：施工主要机械、设备包括空压机、电镐、发电机、配电箱临时用电设备等；作业人员主要工器具包括挖勺、铁钎、锄头、铁铲等。

二、作业人员准备

（1）按照批准的施工进度计划统筹安排施工力量，进场的各工种作业人员数量应满足施工需要。

（2）对进场的作业人员（包括分包人员）需进行安全技术培训，经考试合格后报监理、业主项目部备案。特殊工种人员需持证上岗。

三、临时围护等安全措施

施工区应采用安全围栏进行围护。

四、技术、安全、质量要求

（1）完成设计、安全技术交底和施工图会检工作。

（2）完成项目管理实施规划及施工方案的审批工作。

（3）技术、安全、质量交底：每个分项工程必须分级进行施工技术、安全、质量交底。交底内容要充实，具有针对性和指导性，全体参加作业的人员都要参加交底并签名，形成书面交底记录。

第二节　杆坑、拉线坑

清理现场杂物，检查杆坑中心桩、方向桩，用石灰粉画出杆坑、拉线坑开挖的尺寸；杆坑的边坡应满足设计要求。

根据图纸要求，如需降基的按设计尺寸先进行降基，山上开挖遇到风化石、岩石等坚硬岩体做好影像记录，用电镐等工具辅助开挖（做好临时用电措施）。

杆坑、拉线坑洞按设计图纸的深度开挖；如遇到坚硬的岩石块、岩体难以达到设计图纸的深度时，需通知监理、设计到场核实并出具相应的施工方案。

杆坑边沿1m范围内严禁堆土或堆放设备、材料等，1m以外的堆载高度不应大于1.5m。做好坑洞的排水工作，以防止坑壁受水浸泡造成塌方。

一、圆坑开挖

（1）不带底盘卡盘的电杆洞宜采用圆形坑（见图3-1）。

（2）当埋深小于1.8m时，应一次开挖成形；埋深大于1.8m时，宜采用阶梯形（见图3-2），以便于开挖作业人员立足，再继续开挖中心坑。

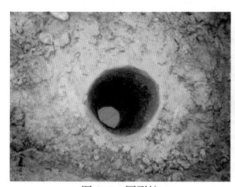 

图3-1　圆形坑　　　　　　　　　　　图3-2　阶梯形坑

（3）固定抱杆起吊电杆的圆坑可不开马道，采用倒落式抱杆起立电杆的应开马道。

（4）杆洞直径宜大于杆根直径200mm以上，以便于电杆组立矫正。

（5）遇到地下高水位或流沙坑时，可采用防护桶或护壁沉降方法。

（6）开挖完成后检查坑洞的深度与直径。

二、方坑开挖

（1）方形坑的开挖，以分坑后的坑洞白灰线为边，向下挖开挖过程中应根据坑深进行放边坡，以防止坍塌。其中不同类型土质对应的坡度见第二章表2-1。

（2）易坍塌基坑，应加大放坡系数或采用阶梯形开挖方式。

（3）地下高水位或容易坍塌的土层，应当天开挖，当天立杆。若不能在一天内完成开挖、立杆的，可以分段开挖，到达规定的深度立即立杆回填。

（4）方坑深超过1.5m时，应采用挡土板支撑坑壁，挖掘过程中应注意挡土板有无变形及断裂现象，如发现应及时更换，更换挡土板支撑应先装后拆。

（5）开挖完成后检查坑洞的深度与宽度。

三、拉线坑开挖

坑底应垂直于拉线方向开挖成斜坡形（见图3-3），深度应符合设计要求。

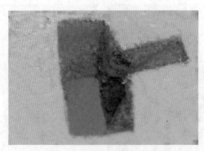

图3-3　斜坡形拉线坑

第四章

设备基础及管道开挖（平地）

　　本章介绍设备基础的施工流程，主要内容包括施工前准备、施工工艺要点；同时介绍了管道开挖的施工流程和施工工艺要点，以及设备接地体的设置。通过要点归纳，掌握设备基础及管道开挖的质量标准、操作步骤和注意事项。

第一节　施工作业前准备

一、机械、工器具准备

（1）施工机械设备、工器具进场清单及检验报告、试验报告、安全准用证、规格、型号等相关资料准备齐全并进行报审。

（2）施工主要机械、设备包括打夯机、电焊机、挖掘机、自卸翻斗车、发电机、配电箱临时用电设备等。

（3）施工人员主要工器具包括挖勺、铁钎、锄头、铁铲等。

（4）施工主要工器具包括水准仪、经纬仪、钢卷尺等各类测量仪器。

二、作业人员准备

（1）按照批准的施工进度计划统筹安排施工力量，进场的各工种作业人员数量应满足施工需要。

（2）对进场的作业人员（包括分包人员）需进行安全技术培训，经考试合格后报监理、业主项目部备案。特殊工种人员需持证上岗。

三、临时围护等安全措施

施工区应实行封闭管理，应采用安全围栏进行围护、隔离、封闭。

四、技术、安全、质量要求

（1）完成设计、安全技术交底和施工图会检工作。

（2）完成项目管理实施规划及施工方案的审批工作。

（3）技术、安全、质量交底：每个分项工程必须分级进行施工技术、安全、质量交底。交底内容要充实，具有针对性和指导性。全体参加作业的人员都要参加交底并签名，形成书面交底记录。

五、现场勘察

工程施工前，应提前联系地方相关管理部门，索取相关资料，了解地质和地下管线的分布情况。同时具备施工图纸及工程附近建筑物、构筑物和其他公共设施的构造情况，做好现场勘察工作。

第二节　配电设备基础

一、定位放线

（1）按设计图纸校核现场地形，确定设备基础中心桩。

（2）根据设计图纸核对配电设备基础准确位置，按基础的实际尺寸加工作面确定开挖尺寸，用白石灰划线，并沿白石灰线挖深约100～150mm。

二、基础开挖

（1）施工前应认真阅读该工程地质报告，搞清地基开挖部位的地质情况，并根据地质报告及设计图纸编制切实可行的地基开挖方案。

（2）基础开挖应清除地基土上附着物，雨季施工时应做好防水及排水措施，不得有积水。

（3）检查设备基础坑：

1）中心桩、控制桩是否完好；

2）基坑坑口的几何尺寸；

3）核对地表土质、水情，并判断地下水位状态和相关管线走向。

（4）基坑一般宜采用人工分层分段均匀开挖。

（5）开挖时，根据不同的土质适当放边坡。

（6）按设计施工要求，先降低基面后，再进行基坑的开挖；对于降基量较小的，可与基坑开挖同时完成。

（7）开挖时，应尽量做到坑底平整。基坑挖好后，应及时进行下道工序的施工。如不能立即进行，应预留150~300mm的土层，在铺石灌浆时或基础施工前再进行开挖。

（8）作业时作业人员间应保持足够的安全距离。

（9）严禁野蛮施工对临边设施造成破坏。

三、深度控制

（1）设备基础坑深应以设计施工基面为基准。

（2）设备基坑深度允许偏差为+100~-50mm；同一基坑深度应在允许偏差范围内，并进行基础找平。

（3）岩石基坑不允许有负误差。

（4）开挖前应清除表面浮土，基础应坐在原始土层。

（5）挖土至设计图纸标高位100mm时，要注意不得超挖。

（6）实际坑深偏差超深时，其超深部分应采用填土或砂、石夯实处理。当不能以填土或砂、石夯实处理时，其超深部分按设计要求处理，设计无具体要求时按铺石灌浆处理。当坑深超过300mm以上时，其超深部分应采用铺石灌浆处理。

（7）如未到原始土层，则继续下挖至原始土层或600mm的较小值后用3:7灰土换填至设计标高，各边外扩350mm，压实系数0.96。基础周围用2:8灰土回填。

第三节 接地网开挖

依据设计图进行接地沟体开挖，开挖深度应符合设计图纸的要求，若设计图纸中未标注开挖深度，开挖深度不宜小于0.6m；宽度可视施工现场情况取0.4~0.6m；沟底应平整无杂物。接地网开挖如图4-1所示。

图4-1 接地网开挖图片

开挖接地沟应避开公路、人行通道、地下管道、电缆设施等。遇其他障碍可以绕道，并应尽量减少弯曲。

接地体的连接采用搭接焊时，应符合下列规定：

（1）扁钢的搭接长度不应小于宽度的2倍，应四面施焊，如图4-2所示。

图4-2 扁钢四面施焊

（2）圆钢的搭接长度不应小于其直径的6倍，应双面施焊，如图4-3所示。

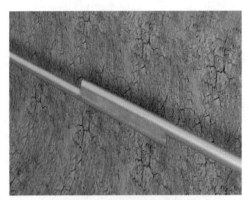

图4-3　圆钢双面施焊

（3）圆钢与扁钢连接时，其搭接长度不应小于圆钢直径的6倍，应双面施焊。

（4）扁钢与钢管、扁钢与角钢焊接时，除应在其接触部位两侧进行焊接外，还应辅以由钢带弯成的弧形或直角形与钢管或角钢焊接。

（5）焊接部位及外侧100mm范围内应做防腐处理，如图4-4所示。在做防腐处理前，必须去掉表面残留的焊渣并除锈。

图4-4　防腐处理

第四节　管道开挖（平地）

一、施工放线

（1）基槽开挖前，应根据设计图纸路径确定排管的走向，清理路径上的附着物，采用经纬仪、拉线、尺量等方法定出电缆沟的基准线，用石灰粉画出开挖路径的范围。

（2）根据设计施工图，核对配电设备基础进（出）口处及排管准确位置，钉立轴线控制桩、标高控制桩。按基槽的开挖尺寸，在地面用石灰粉撒线。

二、基槽稳定及围护

（1）基槽的周围有其他设施或障碍物时，应根据实际情况进行相应的论证并采取相对应的保护措施，如图4-5所示。

（2）若因为客观条件限制无法放坡开挖时，应在基槽开挖前及过程中根据现场实际土质情况，设置基槽的围护或支护措施。必要时应进行深基槽的支护，确定支护桩的深度及横向支撑的大小及间距，一般支撑的水平间距不大于2.0m。

（3）若有地下水或流沙等不利地质条件，应根据设计方案采取围护或支护措施，如设置横列板支护，如图4-6所示。

（4）基槽边沿1m范围内严禁堆土或堆放设备、材料等，1m以外的堆载高度不应大于1.5m。

（5）做好电缆井降水排水工作，以防止坑壁受水浸泡造成塌方。

（6）特殊地段基槽支护时，应加强基槽监测，根据监测数据采取有效可靠的加固处理措。

图 4-5　钢板桩支护

图 4-6　横列板支护

第五节　电缆井开挖

（1）电缆井土方开挖的顺序、方法必须与设计工况相一致，并遵循"开槽支撑、先撑后挖、分层开挖、不宜超挖"的原则。

（2）应根据电缆井深度、地质情况和周围环境，采取适当的开挖方式。电缆井开挖应采用机械开挖、人工修槽的方法。机械挖土应严格控制标高，防止超挖或扰动地基，应分层、分段开挖，设有支撑的电缆井须按施工方案要求及时加撑；槽底设计标高以上200~300mm应用人工修整。

（3）电缆井开挖应采取防积水措施，电缆井应设集水坑。

（4）排水可采用机械排水和自然排水，集水坑尺寸应满足排水方式、排水泵放置要求，集水坑应与侧壁保持足够距离。

（5）一般采用放坡开挖方式，特殊情况下应采取临时支护措施，如横列板支护、钢板桩支护等。

（6）基坑边沿lm范围内严禁堆土或堆放设备、材料等，1m以外的堆载高度不应大于1.5m。

（7）电缆井四周以钢管、安全网围护，设安全警示杆，夜间设警示灯，并安排专人看护。

（8）电缆井开挖完成后，应组织相关人员进行验槽，验收合格后方可进行下一步施工。

电缆井开挖现场施工图如图4-7所示。

图 4-7　现场施工图

第六节　特殊情况

（1）雨季施工时，应尽量缩短开槽长度，逐段、逐层分期完成，并采取措施防止雨水流入基坑。

（2）冬季施工时，注意采取防冻措施。

（3）遇到障碍物时，应由设计单位出具设计变更单。

【思考与练习】

1.设备基础和管井开挖前，一般需要做哪些准备工作？

2.设备基础和管井开挖的施工流程是什么？

第五章

电缆管道（沟、井）制作

　　本章介绍电缆管道（沟、井）的施工流程和工艺要点。主要内容包括电缆管道（沟、井）制作过程中的主要流程、质量标准。通过要点归纳，掌握电缆管道（沟、井）制作的操作步骤和注意事项。

第一节　施工前准备

一、机械/工器具准备

（1）施工机械设备/工器具进场清单及检验报告、试验报告、安全准用证、规格、型号等相关资料准备齐全并进行报审。

（2）施工主要机械、设备包括打夯机、电焊机、钢筋调直机、钢筋切断机、钢筋弯曲机、挖掘机、自卸翻斗车、混凝土搅拌机、振捣棒、平板振动器、发电机、配电箱临时用电设备等。

（3）施工人员主要工器具包括挖勺、铁钎、锄头、铁铲等。

（4）施工主要工器具包括水准仪、经纬仪、钢卷尺等各类测量仪器。

二、作业人员准备

（1）按照批准的施工进度计划统筹安排施工力量，进场的各工种作业人员数量应满足施工需要。

（2）对进场的作业人员（包括分包人员）需进行安全技术培训，经考试合格后报监理、业主项目部备案。特殊工种人员需持证上岗。

（3）作业负责人应提前熟悉施工图纸，在具备现场施工条件后进行人员分工，在作业人员熟悉各自工作任务的基础上开始施工工作。

三、临时围护等安全措施

施工区应实行封闭管理，应采用安全围栏进行围护、隔离、封闭。

四、技术、安全、质量要求

（1）完成设计、安全技术交底和施工图会检工作。

（2）完成项目管理实施规划及施工方案的审批工作。

（3）技术、安全、质量交底：每个分项工程必须分级进行施工技术、安全、质量交底。交底内容要充分，具有针对性和指导性，全体参加作业的人员都要参加交底并签名，形成书面交底记录。

第二节　电缆管道施工

电缆管道施工流程包括基槽整平、垫层浇筑、排管安装、接地体安装、钢筋绑扎、模板安装、混凝土浇筑、模板拆除、混凝土养护、土方回填。

一、基槽整平

基坑（槽）挖至设计标高后，施工单位必须会同设计、监理等单位共同进行验槽，合格后方能进行基础施工。

二、垫层浇筑及养护

垫层浇筑前应做好验槽工作，数据应符合设计图纸要求。垫层浇筑施工工艺如下：

（1）垫层材料宜采用混凝土，若图纸中采用其他材料则以设计图纸为准，须满足强度及工艺的相关要求。

（2）应确保垫层下的地基稳定且已夯实、平整。

（3）若有地下水，应采取适当的处理措施，在垫层混凝土浇筑时应保证无水施工。

（4）混凝土的强度、坍落度应满足设计要求，且强度等级应满足设计要求。混凝土不能有离析现象。

（5）根据基槽开挖标高控制桩上的标高控制线，按设计要求向下测量出垫层标高，钉好相应垫层控制桩。垫层控制桩如图5-1所示。

图5-1　垫层控制桩示意图

（6）垫层混凝土浇筑要求。

1）拌和混凝土：现场原材料计量应由专人负责，必须按配合比以质量计量。质量允许偏差：水泥±2%；粗细骨料±3%；水、外加剂溶液±2%。应按规定比例、顺序投料，先加石子，后加水泥，最后加砂和水。混凝土搅拌时间一般不小于90s。

2）混凝土浇筑应满足施工方案要求，应从一端开始连续浇筑，间歇时间不得超过2h。

3）混凝土浇筑的振捣方法一般采用平板振动器振捣，振捣时间不宜过长。垫层混凝土应密实，上表面应平整。采用平板振动器时，其移动间距应保证振动器的平板能覆盖已振实部分的边缘。垫层浇筑如图5-2所示。

图 5-2　垫层浇筑示意图

　　4）混凝土振捣密实后，以垫层控制桩上水平控制点为标志，先刮平，然后表面搓平。带线检查平整度，将高出的地方铲平、凹的地方补平并补充振捣。垫层浇筑后用木铪平整，如图5-3所示。

图 5-3　垫层浇筑后木铪平整示意图

5）浇筑完毕后，应在12h内覆盖塑料薄膜等进行保湿养护。养护期应满足设计要求并设专人检查落实，垫层强度达到1.2N/mm²前，不得在其上踩踏或安装其他模板支架等。垫层浇筑后养护如图5-4所示。

图 5-4　垫层浇筑后养护示意图

6）如遇冬、雨季施工，露天浇筑的混凝土垫层均应另行编制季节性施工方案，制定有效的技术措施，以确保混凝土质量。垫层浇筑完成后效果如图5-5所示。

图 5-5　垫层浇筑完成后效果

三、排管安装

（1）管道主要材料根据设计方案选定，所用的管材均须满足《电力电缆用导管技术条件》（DL/T 802.1～802.6—2007）或其他相关标准的要求。管道应按其埋设深度适应受力来检验力学性能。

（2）进场管材必须检查管的规格、型号、壁厚，应有出厂合格证及检测报告。检查管的连接是否牢固，检查管材接口是否错开布置，检查管内是否清理干净。

（3）井间埋管应为直线，保证连接的管材之间笔直连接，接口不得出现错台、弯折现象，接口处采用相应的防锈、防腐、可靠的管道密封措施。

（4）安装管道时，要拉通线找直、找正，保证管道坡度与设计坡度一致，保证管道顺直。

（5）垫块应分层放置，管材间上下两层的管材垫块应错开放置，垫块应有一定强度。

（6）若采用排管托架，托架的布置间距应满足管材铺设及混凝土振捣的相关要求。

（7）管枕宜采用管材配套管枕，管枕间距不宜大于2.0m。

（8）管道接口套好胶圈，上好套环。接口安装时要保证胶圈不卷边、不错位、不滑动，保证密封良好，防止混凝土进入管内。管材之间的橡皮垫任何情况下不得取消。

（9）采用人工安装，调整管材长短时可采用手锯切割，断面应垂直平整，不应有损坏。

（10）事先计算好管道截断位置和长度，保证承口插口的正常使用，被截断端应进入设计井室，管端距井内壁50mm较为适宜。

（11）当排管采用不包封砂土回填方式时，管材必须分层铺设，管材的水平及竖向间距应满足管材铺设相关要求。管缝处需用细砂回填，管顶250mm以下回填细砂，回填砂必须灌入管间空隙。为保证回填质量，砂可分层回填。在管顶以上300mm应铺设安全警示带。排管未包封效果如图5-6所示，警示带安装效果如图5-7所示。

（12）管道疏通器应具有长度和硬度的要求，长度根据管材内径多种规格，不宜小于600mm，硬度≥35HBa（巴氏硬度）。

（13）管道施工中管道内应贯穿镀锌铁丝（尼龙绳），供电缆敷设使用。

（14）管道安装完成后，进行拉棒试通，不合格接口处及时调整。

图 5-6　排管未包封警示带设置效果图

图 5-7　警示带安装效果图

四、接地体敷设

（1）接地极的形式、埋入深度及接地电阻值应符合设计要求，当设计无要求时，埋入深度不应小于600mm。

（2）电缆及其附件的支架必须可靠接地，设置环形接地网，接地电阻须符合设备运行要求（不大于10Ω）。

（3）采取降阻措施时，可采用换土填充等物理性降阻剂，禁止使用化学类降阻剂。

（4）垂直接地体敷设时，应将垂直接地体竖直打入地下，垂直接地体上部应加垫件，防止将端部破坏。

（5）水平接地体敷设时，敷设前应进行必要的校直，要求弯曲敷设时应采用机械冷弯，避免热弯损坏镀锌层。

（6）垂直接地体与水平接地体的连接必须采用焊接，焊接应可靠，应由专业人员操作。焊接应符合下列规定：

1）扁钢的搭接长度应为其宽度的2倍，至少3个棱边施满焊。

2）扁钢与角钢焊接时，除应在其接触部位两侧进行焊接外，还应以钢带本身弯成直角形与角钢焊接。

（7）接地装置焊接部位及外侧100mm范围内应做防腐处理，见图5-8所示。在做防腐处理前，必须去掉表面残留的焊渣并除锈。工井与垂直接地体用扁钢圆弧连接时，应注意美观和圆弧角度控制，如图5-9所示；工井与垂直接地体用扁钢直角连接时，焊接位置应饱满，扁刚应提前折弯，如图5-10所示。

（8）不得采用铝导体作为接地体或接地线。

图 5-8　工井与接地体焊接

图 5-9　工井与垂直接地体用扁钢圆弧连接

图 5-10　工井与垂直接地体用扁钢直角连接

五、钢筋绑扎

（1）绑扎的铁丝头应向内弯。

（2）钢筋的交叉点可每隔一根相互成梅花式扎牢，但在周边的交叉点每处都应绑扎。

（3）箍筋转角与钢筋的交叉点均应扎牢，箍筋的末端应向内弯。

（4）钢筋的底部和侧部均应安置水泥砂浆垫块，钢筋安好后防止踩踏变形。

（5）钢筋的绑扎应均匀、可靠。确保在混凝土撮捣时钢筋不会松散、移位。

（6）绑扎的铁丝不应露出混凝土本体。

（7）用于单芯电缆敷设的排管钢筋应避免形成闭合环路。

（8）受力钢筋的连接、钢筋的绑扎等工艺应符合相关规程、规范及技术标准的要求。

（9）同一构件相邻纵向受力钢筋的绑扎搭接接头宜相互错开。

（10）钢筋强度等级：纵向受力一般采用HRB335；构造筋一般采用HPB235。

排管包封钢筋绑扎完成效果如图5-11所示。

图 5-11　排管包封钢筋绑扎完成效果图

六、模板安装

（1）模板与混凝土接触表面应涂抹脱模剂，不得沾污钢筋和混凝土。

（2）在浇筑混凝土之前，模板内部应清洁干净，无任何杂质。

（3）模板安装应从一端向另一端顺序安装，应采取必要的加固措施，提高模板的整体刚度，保证模板拼缝严密。

（4）模板应平整，表面应清洁，并具有一定的强度，保证在支撑或围护构件的作用下不破损、不变形。

（5）模板尺寸不应过小，应尽量减少模板的拼接。

（6）支模中应确保模板的水平度和垂直度。

（7）模板的拼接、支撑应严密、可靠，确保振捣中不走模、不漏浆。

（8）模板安装的允许误差：截面 内部尺寸 -5 ~ 4mm；表面平整度 ≤5mm；相邻板高低差 ≤ 2mm；相邻板缝隙 ≤ 3mm。

排管包封模板安装完成效果如图5-12所示。

图 5-12　排管包封模板安装完成效果示意图

七、混凝土浇筑

（1）混凝土浇筑材料宜采用普通硅酸盐水泥，强度等级 ≥ 42.5，质量要求符合GB175《通用硅酸盐水泥》。粗骨料采用碎石或卵石，当混凝土强度 ≥ C30时，含泥量≤1%；当混凝土强度＜C30时，含泥量≤2%。细骨料应采用中砂，当混凝土强度≥C30时，含泥量≤3%；当混凝土强度＜C30时，含泥量≤5%，其他质量要求符合JGJ52《普通混凝土用砂、石质量及检验方法标准》。宜采用饮用水拌和、养护，当采用其他水源时，水质应达到JGJ63《混凝土用水标准》的规定。

（2）浇筑前，埋管端口应封堵严实，防止混凝土进入管道。

（3）混凝土应搅拌均匀，坍落度应满足相关技术标准。浇筑混凝土时，混凝土自由下落高度不大于2m，如超过2m应采取增设软管或串筒等措施。

（4）浇筑混凝土应连续进行，如必须间歇，应在分层混凝土初凝前完成上层混凝土的浇筑。按图纸和规范要求合理设置施工缝。

（5）混凝土应振捣密实，检查模板有无移位、漏浆。在采用插入式振捣时，混凝土浇筑时应注意振捣器的有效振捣深度，振捣时必须仔细，不能碰撞管道接头及定位钢筋、垫块，防止管道移位。

（6）捣固时间宜控制在20~30s，以混凝土表面呈水平并出现均匀的水泥浆和不再冒气泡为止，不显著下沉，即可停止振捣。电缆沟、电缆井混凝土浇筑振捣如图5-13、图5-14所示。

图5-13　电缆沟混凝土浇筑振捣

图 5-14　电缆井混凝土浇筑振捣

（7）混凝土试块留置。试块应在混凝土浇筑地点随机抽取制作，取样与留置数量应符合 GB 50204—2015《混凝土结构工程施工质量验收规范》的规定，并根据需求留置满足标准养护、检测用途的试块。混凝土试块制作如图5-15所示。

图 5-15　混凝土试块制作示意图

（8）混凝土原材料及配合比设计质量标准和检验方法见表5-1。

表 5-1 混凝土原材料及配合比设计质量标准和检验方法

序号	检查项目	质量标准	检验方法及器具
1	水泥检验	水泥进场时，应对其品种、代号、强度等级、包装或散装编号、出厂日期等进行检查，并应对水泥的强度、安定性和凝结时间进行检验，检验结果应符合国家现行有关标准的规定	检查质量证明文件和抽样检验报告
2	外加剂质量及应用技术	混凝土外加剂进场时，应对其品种、性能、出厂日期等进行检查，并应对外加剂的相关性能指标进行检验，检验结果应符合 GB 50119《混凝土外加剂应用技术规范》的规定	检查质量证明文件和抽样检验报告
3	混凝土拌合物	混凝土拌合物不应离析	观察检查
4	氯化物及碱含量	混凝土中氯离子含量和碱总含量应符合 GB 50010《混凝土结构设计规范》的规定和设计要求	检查原材料试验报告和氯离子、碱的总含量计算书
5	开盘鉴定	首次使用的混凝土配合比应进行开盘鉴定，其原材料、强度、凝结时间、稠度等应满足设计配合比的要求	检查开盘鉴定资料和强度试验报告
6	矿物掺合料质量	混凝土用矿物掺合料进场时，应对其品种、技术指标、出厂日期等进行检查，并应对矿物掺合料的相关技术指标进行检验，检验结果应符合国家现行有关标准的规定	检查质量证明文件和抽样检验报告
7	粗细骨料质量	混凝土原材料中的粗骨料、细骨料质量应符合 JGJ 52《普通混凝土用砂、石质量及检验方法标准》的规定，使用经过净化处理的海砂应符合 JGJ 206《海砂混凝土应用技术规范》的规定，再生混凝土骨料应符合国家现行有关标准的规定	检查抽样检验报告
8	拌制用水质量	混凝土拌制及养护用水应符合 JGJ 63《混凝土用水标准》的规定。采用饮用水作为混凝土用水时，可不检验；采用中水、搅拌站清洗水、施工现场循环水等其他水源时，应对其成分进行检验	检查水质试验报告

八、模板拆除

（1）混凝土浇筑完毕后应加强养护，当混凝土达到设计强度要求后方可拆除模板。

（2）拆模时应保证其表面及棱角不损坏，避免碰撞地脚螺栓致其松动。

（3）拆模后基础外观质量应无缺陷，表面应平整光滑。

（4）排管拆模后应检查是否符合外观质量标准，若出现混凝土外观质量缺陷，需根据审核通过的修补方案实施修补。

（5）模板拆除后，对混凝土外观及尺寸偏差进行检查，检查的质量标准和检验方法参照表5-2执行。

表 5-2 　　　　　　　　混凝土外观及尺寸偏差质量标准和检验方法

序号	检查项目	质量标准	检验方法及器具
1	外观质量	不应有严重缺陷，对已经出现的缺陷，应处理后重新检查验收	目测或检查技术处理方案
2	尺寸偏差	不应有影响结构性能和设备安装的尺寸偏差。对超过尺寸允许偏差且影响结构性能和安装、使用功能的部位，应由施工单位按技术处理方案进行处理，并重新检查验收	量测或检查技术处理方案
3	接地装置	接地装置应符合设计要求及现行有关标准规定	观察检查
4	轴线位移	≤ 10mm	钢尺检查
5	平面外形尺寸偏差	± 20mm	钢尺检查
6	上表面平整度	≤ 8mm	2m 靠尺和楔形塞尺检查

九、混凝土养护

（1）混凝土养护用水应符合现行行业标准的规定；采用饮用水可不检验；采

用中水、搅拌站清洗水、施工现场循环水等其他水时，应对其成分进行检验。

（2）混凝土初次收面完成后，及时对混凝土暴露面用塑料薄膜进行紧密覆盖，尽量减少暴露时间，防止表面水分蒸发。洒水养护次数以混凝土表面湿润状态为准，白天一般3h左右一次，晚上一般养护不少于2次，当气温较高时应适当增加养护次数，一般情况下混凝土养护时间不得少于7天。

（3）采用缓凝型外加剂、大掺量矿物掺合料配制的混凝土，养护时间不应少于14天；采用其他品种混凝土时，养护时间应根据混凝土性能确定。

（4）日平均温度低于5℃时，不得浇水养护。

（5）洒水养护宜在混凝土裸露表面覆盖塑料薄膜、麻袋或草帘后进行，也可采用直接洒水养护方式；洒水养护应保证混凝土处于湿润状态。

（6）覆盖物应严密，覆盖物的层数应按施工方案确定。

以电缆沟压口梁为例，其混凝土拆模后养护如图5-16所示。

图5-16　电缆沟压口梁混凝土拆模后养护

（7）混凝土养护质量标准和检验方法见表5-3。

表 5-3　　　　　　　　　　混凝土养护质量标准和检验方法

序号	检查项目	质量标准	检查方法及器具
1	养护	应在浇筑完毕后的 12h 以内对混凝土加以覆盖并保湿养护	观察，检查施工记录
2		混凝土浇水养护的时间：对采用硅酸盐水泥、普通硅酸盐水泥或矿渣硅酸盐水泥拌制的混凝土，不得少于 7 天；对掺用缓凝型外加剂或有抗渗要求的混凝土，不得少于 14 天	
3		浇水次数应能保持混凝土处于湿润状态；混凝土养护用水符合 JGJ63 的要求	
4		采用塑料布覆盖养护的混凝土，其敞露的全部表面应覆盖严密，并应保持塑料布内有凝结水	
5		混凝土强度达到 1.2N/mm² 前，不得在其上踩踏或安装模板及支架	

十、土方回填

（1）土方回填时，回填土宜优先利用基槽中挖出的优质土。回填土内不得含有有机杂质，粒径不应大于50mm，含水量应符合压实要求。淤泥和淤泥质土不能用作填料。回填土料应全数检查。

（2）根据土质、压实系数及所用机具确定分层厚度、含水量及压实遍数。如设计无要求时，应按现行有关标准执行。

（3）回填前，在排管本体上部铺设防止外力损坏的警示带（见图5-17）后再分层夯实（按设计要求压实系数）并回填至地面修复高度。其中，人工夯实分层厚度不应超过200mm，机械夯实分层厚度不应超过500mm。夯实系数应达到设计要求。

（4）对管群两侧的回填应严格按照均匀、同步的原则进行。

（5）管顶以上500mm范围内不得使用压路机压实。

（6）土方回填特殊情况：

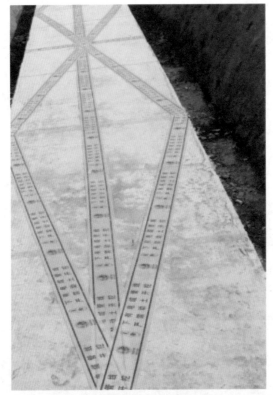

图 5-17　排管警示带敷设示意图

1）雨期施工时，应及时进行基坑回填，控制回填土的含水量；

2）冬期施工时，沟槽两侧及管顶以上500mm范围内不得回填冻土，当天填土必须完成碾压。

第三节　电缆井（沟）砌筑

电缆井（沟）砌筑施工流程包括垫层、砌筑、粉刷、井圈浇制、模板拆除、砌体及混凝土养护。

砖砌电缆井（沟）基槽垫层浇筑及养护与前述电缆排管基槽垫层类似，不再赘述。本节主要介绍砖砌电缆井（顶板或压口梁、底板）混凝土浇筑及养护施工工艺及质量检验要求。

一、垫层

参照本章第二节"电缆管道施工二、垫层浇筑及养护"内容，此处不再赘述。

二、砌筑

（1）材料：宜采用普通硅酸盐水泥，质量应符合现行GB175《通用硅酸盐水泥》要求。砂采用中砂，使用前过筛。宜采用饮用水拌和，当采用其他水源时，水质应达到现行JGJ63《混凝土用水标准》的规定。采用MU15及以上混凝土实心砖等。

（2）井（沟）壁砌筑前应按设计进行砌体砌筑放线，放线精度需满足砌体规范要求。

（3）砌体砌筑时需按照电缆支架固定螺栓位置，安装预制混凝土块（带埋件），便于电缆支架固定。

（4）砌体灰缝宽度为8～12mm。砌体水平灰缝的砂浆饱满度不得小于80%。砌筑时上下层错缝，沟壁砌筑临时间断处应砌成斜槎，斜槎水平投影长度不小于高度的2/3。砖砌体砌筑时应随铺砂浆随砌筑，灰缝横平竖直、厚薄均匀。转角处或交接处需同时砌筑。

（5）电缆井内排管口应平整、坚实、美观，管口与管口间的间距应符合设计要求，如图5-18所示。

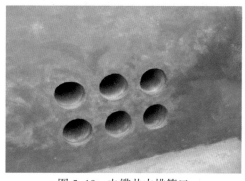

图5-18　电缆井内排管口

（6）砌筑工程质量标准和检验方法见表5-4。

表 5-4　　　　　　　　　　　砌筑工程质量标准和检验方法

序号	检查项目	质量标准	单位	检查方法及器具
1	砖的强度等级	应符合设计要求		检查砖试验报告
2	砂浆的强度等级	应符合设计要求		检查砂浆试块试验报告
3	砌体留槎	对不能同时砌筑而又应留置的临时间断处应砌成斜槎，斜槎水平投影长度不小于高度的2/3		观察检查
4	冬期施工措施	应符合设计要求和现行有关标准的规定		检查施工方案、施工记录
5	砌体砂浆饱满度	砌体水平灰缝的砂浆饱满度不得小于80%		用百格网检查砖底面与砂浆的粘结痕迹面积。每处检测3块砖，取其平均值
6	砌体上下错缝	砌体中长度每300mm范围内4～6皮砖的通缝小于或等于3处，且不在同一面墙体上		观察检查
7	砌体接槎	接槎处表面清理干净，浇水湿润，并填实砂浆，保持灰缝平直，竖向灰缝不得出现透明缝、瞎缝和假缝		观察检查
8	上口平直	顺直		观察检查
9	变形缝留置	变形缝间距应符合设计要求		钢尺检查
		变形缝填缝材料应符合设计要求		观察检查
10	中心线位移	≤20	mm	经纬仪和钢尺检查
11	顶面标高	-10～0	mm	水准仪和钢尺检查
12	底面标高	±5	mm	水准仪检查
13	截面尺寸	±15	mm	钢尺检查
14	壁厚	±5	mm	
15	内侧平整度	≤8	mm	2m靠尺和楔形塞尺检查

续表

序号	检查项目		质量标准	单位	检查方法及器具
16	变形缝宽度		±5	mm	钢尺检查
17	预留孔洞及预埋件	中心位移	≤ 15	mm	钢尺检查
18		倾斜度	2	%	坡度尺检查
19	底面坡度偏差		设计坡度的 ±10%		水准仪和钢尺检查

三、粉刷

（1）采用MU7.5的水泥砂浆进行抹面，水泥砂浆应按砂浆级配单配制，使用时应留置砂浆试块。

（2）抹灰前应充分湿润墙体，并贴灰饼充筋，保证抹面垂直度和平整度。

（3）粉刷必须内外分层进行，严禁一遍完成。每层厚度宜控制在6～8mm，层间间隔时间不小于24h。

（4）抹灰完成24h后及时对抹灰面进行喷水养护，防止空鼓开裂。

（5）室外温度低于5℃时，不宜进行室外粉刷。

（6）一般抹灰工程质量标准和检验方法见表5-5。

表 5-5　　　　　　　　　一般抹灰工程质量标准和检验方法

序号	检查项目	质量标准	单位	检验方法及器具
1	配合比	抹灰砂浆的品种、配合比应符合设计要求和JGJ/T 220《抹灰砂浆技术规程》的规定		检查工程设计文件、施工记录
2	基层表面	抹灰前基层表面的尘土、污垢、油渍等应清除干净，并应洒水润湿		检查施工记录
3	原材料质量	抹灰所用材料的品种和性能应符合设计要求。水泥的强度和安定性复验应合格，界面剂的粘结性能复验应合格		检查产品合格证书、进场验收记录、复验报告

序号	检查项目	质量标准	单位	检验方法及器具
4	层粘结及面层质量	抹灰层与基层之间及各抹灰层之间必须粘结牢固，抹灰层应无脱层，空鼓面积不应大于400cm²，面层应无爆灰和裂缝，接槎平整		观察、用小锤轻击检查
5	抹灰层拉伸粘结强度实体检测结果	同一验收批的抹灰拉伸粘结强度平均值应不小于JGJ/T220的规定值，且最小值应不小于JGJ/T220的规定的75%。当同一验收批的抹灰拉伸粘结强度试验少于3组时，每组试件拉伸粘结强度均应不小于JGJ/T220的规定值		检查抹灰层拉伸粘结强度实体检测报告
6	试块抗压强度	同一验收批的砂浆试块抗压强度平均值应不小于设计强度等级，且抗压强度等级最小值应不小于设计强度等级值的75%。当同一验收批试块少于3组时，每组试块抗压强度均应不小于设计强度等级值		检查砂浆试块强度试验报告
7	表面质量	表面应光滑、洁净、接槎平整，分格缝和灰线应清晰美观		观察、手摸检查
8	立面垂直度	≤3	mm	用2m垂直检测尺检查
9	表面平整度	≤2	mm	用2m靠尺和塞尺检查
10	阴阳角方正	≤2	mm	用直角检测尺检查

四、井圈浇制

（1）井圈模板制作参照本章第二节"电缆管道施工六、模板安装"内容。

（2）井圈混凝土浇筑参照本章第二节"电缆管道施工七、混凝土浇筑"内容。

五、模板拆除

参照本章第二节"电缆管道施工八、模板拆除"内容。

六、砌体及混凝土养护

1.砌体养护

砌筑24h后应浇水养护以保证砂浆强度。冬期施工时，应及时用保温材料对所砌砌体进行覆盖。在养护期间避免砌体发生碰撞、振动等。

2.混凝土养护

参照本章第二节"电缆管道施工九、混凝土养护"内容。

第四节　钢筋混凝土电缆井施工

钢筋混凝土电缆井基槽垫层浇筑及养护参照本章第二节"电缆管道施工二、垫层浇筑及养护"内容。

钢筋混凝土电缆井的混凝土浇筑及养护参照本章第二节"电缆管道施工七、混凝土养护和九、混凝土养护"内容。但需注意：侧墙、顶板浇筑方法与底板浇筑方法相同，但下料速度、浇筑速度必须严格控制；下料后，混凝土要立即摊平、及时振捣，保证外观质量。

电缆井底板、侧墙、墙板、顶板混凝土浇筑振捣及养护如图5-19~图5-22所示。

图 5-19　井底板混凝土浇筑振捣

图 5-20　井底板混凝土浇筑后养护

图 5-21　井侧墙、顶板浇筑振捣

图 5-22　井墙板、顶板混凝土养护

第五节　钢筋混凝土电缆沟施工

　　钢筋混凝土电缆沟基槽垫层浇筑及养护参照本章第二节"电缆管道施工二、垫层浇筑及养护"内容。

　　钢筋混凝土电缆沟应采取混凝土整体浇筑方式进行施工。钢筋混凝土电缆沟混凝土浇筑及养护参照本章第二节"电缆管道施工七、混凝土浇筑和九、混凝土养护"内容。

　　钢筋混凝土电缆沟底板、侧墙浇筑振捣及拆模后养护如图5-23~图5-25所示。

图 5-23　钢筋混凝土电缆沟底板浇筑振捣　　图 5-24　钢筋混凝土电缆沟侧墙浇筑振捣

图 5-25　钢筋混凝土电缆沟混凝土拆模后养护

【思考与练习】

1.电缆管道的铺设流程是怎样的？

2.混凝土养护的质量标准有哪几点？

3.安装模板时的施工要点是什么？

第六章

电缆沟支架安装

　　本章主要介绍电缆沟支架安装的施工流程和工艺要点，主要内容包括电缆沟支架安装作业前的准备、安装工艺、质量检验要求及主要安全风险防范，通过要点归纳，掌握电缆沟支架安装的操作步骤和注意事项。

　　电缆沟中的支架，按结构不同分为装配式支架和工厂分段制造的电缆托架等。以材质分，有金属支架和复合材料支架。其中，金属支架采用热浸镀锌，并与接地网连接；复合材料支架以硬质复合材料制成，又称绝缘支架，具有一定的机械强度和耐腐蚀性。

第一节　施工作业前准备

一、图纸准备

电缆沟支架安装前，作业人员应仔细阅读电缆支架安装施工图纸，熟悉各区域支架及安装附件型号、数量。

二、工器具准备

常用工具包括电焊机、切割机、弯排机、电锤、棉线、墨斗、锉刀、钢丝刷、毛刷、梯子、三级配电箱、工作灯、鼓风机、水平尺、吊锤、水准仪、电焊服、点焊手套、面罩、防护眼镜、灭火器等。

材料包括镀锌扁钢、电缆沟支架、接地软线、电焊条、支架护套、防锈漆、记号笔、木工笔、绝缘胶布、膨胀螺栓等。

三、核实现场作业条件

电缆沟支架安装作业条件包括：

（1）电缆沟内建筑物施工已结束，电缆沟沟深、宽度、弯曲半径等符合设计和规程要求。

（2）电缆沟内部卫生清扫干净，通道通畅，排水良好，具备支架安装条件。

（3）室外电缆沟支架安装作业应避免在雨天、雾天、大风天气及湿度大于70%的环境下进行。

四、人员分工

作业负责人应提前熟悉图纸与厂家技术资料，在具备现场安装条件后，依据施工作业指导书开展安全、技术交底，进行人员分工，在作业人员熟悉各自工作任务的基础上开始安装工作。

第二节 电缆沟支架安装工艺及质量要求

电缆沟支架及其固定立柱的机械强度，应能满足电缆及其附加荷载以及施工作业时附加荷载的要求，并留有足够的裕度。上、下层支架的净间距不应小于250mm。

一、金属支架安装

1.安装前检查

（1）检查电缆沟垂直度（见图6-1），预埋件间距、平整度。预埋件间距及外形尺寸设置应符合设计图纸要求，预埋件中心线位移不大于5mm。

（2）检查电缆沟支架（见图6-2）。钢材应平直，无明显扭曲。电缆沟支架下料误差应在5mm范围内，切口应无卷边、毛刺；各支架的同层横担应在同一水平面上，其高低偏差不应大于5mm；电缆沟支架横梁末端50mm处应斜向上倾角10°。电缆沟支架应焊接牢固，无显著变形，各横撑间的垂直净距与设计偏差不应大于5mm。

图6-1 电缆沟壁验收

图6-2 电缆沟支架外观检查

2. 通长扁钢焊接

通长扁钢应进行校直处理，注意不得破坏扁钢镀锌层。通长扁钢与预埋件接触部位上下两边均应满焊（见图6-3），扁钢与扁钢搭接头宜采取冷弯 [常温下将金属板带材经弯曲变形制成型材（或零件）和焊管管筒的金属塑性加工方法] 工艺，保持平滑过渡。通长扁钢在电缆沟沟壁转弯或有坡度的部位同样采用冷弯工艺，保持与电缆沟壁相同的转弯弧度或坡度。通长扁钢跨越电缆沟伸缩缝处应设置伸缩弯；经过电缆沟壁预留孔洞时，应采用冷弯工艺使扁钢绕行，不占用预留空间。

图 6-3　通长扁钢焊接

3. 电缆沟支架安装放样定位

按设计间距尺寸在电缆沟内划出支架布置点，一般电缆沟内为80cm，支架间隔误差不应大于30mm。为方便电缆敷设人员走动，电缆沟内支架应错位对称安装。电缆沟支架设置还应错开预留孔洞，此时间距可做适当调整。

4. 电缆沟支架安装

按放样位置确定支架安装地点。电缆沟支架安装顺序为：

（1）在间隔20m内头、尾先点焊固定两副电缆沟支架，用水平尺、吊锤等对支架进行找平、找直，符合要求后焊接牢固。

（2）在头、尾两副支架最上层拉一水平直线，以此线为基准，点焊固定中间支架。

（3）用水平尺、吊锤或拉线等调整支架的垂直度和水平度。各支架同层横档高低偏差不应大于5mm，左右偏差不大于5mm。

（4）支架调整好后，满焊固定（注意防止支架变形）。

（5）按上述方法进行下一处支架安装工作，在电缆沟交叉处、拐弯处可适当缩短水平线控制距离，以保证安装质量。

支架安装效果如图6-4所示。

图 6-4　支架安装效果图

5.电缆沟支架焊接

金属电缆沟支架采用焊接固定，如图6-5所示。焊接过程中，如遇支架变形应及时进行校正。所有支架应焊接牢靠，焊口应饱满，无虚焊现象，焊接完毕后应去除焊渣。

支架立铁的固定可以采用螺栓固定或焊接固定。

图 6-5　支架焊接图

6. 电缆沟支架接地和防腐

金属电缆沟支架全长按设计要求进行接地焊接，应保证接地良好。支架、吊架必须用接地扁钢环通，接地扁钢的规格应符合设计要求。

金属电缆沟支架焊接部位及外侧100mm范围内应做防腐处理。在做防腐处理前，必须去掉表面残留的焊渣并除锈。位于湿热、盐雾及有化学腐蚀地区时，还应根据设计做特殊防腐处理。

7. 支架端部防护套安装

支架横撑角钢端部加装防护套，支架护套安装应牢固、无破损，安装效果如图6-6所示。

图 6-6　支架端部防护套安装效果图

二、复合材料支架安装

1. 安装前检查

（1）检查电缆沟，此类支架安装时对电缆沟壁平整度要求较高。

（2）检查支架。复合材料电缆沟支架应满足电缆及其附加荷载及施工作业时的附加荷载；支架应平直，无明显扭曲，表面光滑，无裂纹、尖角和毛刺，从而保证在电缆承受横向推力情况下，电缆外护套上不产生可见的刮磨损伤；具有良好的电气绝缘性能、良好的阻燃性能及良好的耐腐蚀性能。

2. 支架间距测量及放样定位

测量单副支架上、下预留螺栓孔洞间距，间距确定后对照设计图纸要求在单面电缆沟壁上、下用墨斗弹出两条水平墨线。

在已弹好的上、下水平线上对电缆沟支架安装位置进行放样定位，保持支架间距一致。间距设置应符合设计图纸要求。为方便电缆敷设人员走动，电缆沟内支架应错位对称安装。电缆沟支架设置还应错开预留孔洞，此时间距可做适当调整。

3.支架安装

按放样位置确定支架安装地点。与金属支架不同，复合材料支架采用膨胀螺栓固定，安装顺序一般为：

（1）在间隔20m内头、尾先固定两副电缆沟支架，用水平尺、吊锤等对支架进行找平、找直，符合要求后将膨胀螺栓紧固牢固。

（2）在已安装好的头、尾两副支架最上层拉一根水平直线，以此线为基准安装中间支架。在电缆沟交叉处、拐弯处可适当缩短水平线控制距离，以保证安装质量。

（3）安装膨胀螺栓，待支架就位、找正完成后紧固螺栓。使用电锤钻头钻孔，钻头选择应与螺栓配套。电锤钻孔时钻头对准墙体，钻头与墙面垂直，均匀用力。在钻头上做好深度标记，严格控制打孔的直径和深度，以防固定不牢、吃墙过深或出墙过多。将膨胀螺栓螺母拧出至丝扣末端，用锤子将螺栓敲入眼孔，保证丝扣不单独受力。紧固膨胀螺栓使之胀开，然后将螺栓平垫圈、弹簧垫及螺母拆下。支架就位后安装平垫圈、弹簧垫，拧入螺母。支架找正完成后紧固螺栓。支架螺栓连接必须可靠。

复合材料支架安装效果如图6-7所示。

图6-7　复合材料支架安装效果图

第三节　电缆沟支架安装检验要求

（1）查看支架出厂证件，检查支架型号、规格是否符合设计要求。

（2）通过观察和钢尺测量，检查支架外观（支柱及横梁）是否符合有关现行标准（规范）要求。

（3）通过观察和钢尺测量，检查支架吊装位置和型号是否符合设计要求。

（4）观察、检查铁件及构件连接件防腐处理是否符合设计要求。

（5）观察、检查接地装置是否符合设计要求及现行有关标准规定。

（6）通过水准仪和钢尺检查支架顶标高偏差不超过 ±5mm。

（7）支架高度不大于5m时，通过吊线和钢尺检查垂直偏差不超过5mm；支架高度大于5m时，通过经纬仪和钢尺检查垂直偏差不超过支架杆高度的1/1000且不超过10mm。

（8）通过水准仪和钢尺检查顶板平整度偏差不超过5mm。

第四节　电缆沟支架安装的安全风险防范

一、施工用电安全

施工用电不规范，存在导致人员触电伤害、机具损坏的安全风险。防范措施如下：

（1）用电设备的电源引线长度不得大于5m，大于5m时，应设流动开关箱。

（2）机具接电必须遵守安全工作规程，电焊机的外壳应可靠接地或接零。

（3）电焊钳完好不破损，接线牢固，避免松脱引起触电。

（4）电动机械设备必须进行保护接地，并实行一机一闸一保护。

（5）电气设备使用前必须进行检查，确认使用的开关接触良好、设备通电试验正常。

二、电焊及切割作业安全

电焊及切割作业时，场地周围有易燃易爆品、操作人员未正确使用劳动保护用品时，存在导致火灾事故和人身伤害的安全风险。防范措施如下：

（1）在焊接及切割地点周围5m范围内，清除易燃、易爆物品，配置消防器材。

（2）进行焊接或切割工作时，操作人员规范穿戴专用工作服、绝缘鞋、防护手套、防护镜等符合专业防护要求的劳动保护用品。

三、人员防坠落

作业现场孔洞未做好防护、高处作业人员未正确使用安全防护用品，存在造成人员坠落受伤的安全风险。防范措施如下：

（1）现场临边及孔洞进行全面防护，临时移开的临时盖板应及时恢复。

（2）当有高处作业时，应将安全带固定在上方可靠部位。使用梯子时，梯子搁置应稳固，与地面夹角以60°为宜，并有专人扶持。

（3）在竖井、隧道、夹层内作业时，由于作业通风条件不好，电焊作业产生的废气容易造成人员窒息伤害。此时应增加照明用具和排气扇，确保照明、通风条件良好。

【思考与练习】

1.电缆沟支架的种类有哪些？

2.电缆沟支架安装前应做好哪些准备工作？

3.金属电缆沟支架的安装步骤有哪些？

4.电缆沟支架安装过程中，应注意哪些安全风险，如何防范？

【知识延伸】

SMC复合电缆沟支架通过SMC复合材料模压成型技术制造，整体一次模压成型，可以广泛应用于电缆沟、电缆隧道、电缆排管工作井及电缆半导电层内的电力电缆、控制电缆和通信电缆的敷设。其特点有：

（1）强度高、重量轻，重量只有钢的1/4、混凝土管的1/10左右，运输方便、施工简捷。

（2）产品表面光滑，摩擦系数小，不损伤电缆。

（3）产品整体绝缘，无电腐蚀，可防止产生涡流。

（4）耐水性好，可以长期在潮湿或水中使用。

（5）耐热、耐寒，防火性能优良，可在−50～130℃下使用。

（6）防腐蚀、不生锈，使用寿命长，免维护。

（7）支架材料没有回收利用价值，可避免盗窃现象发生。

（8）支架绝缘性能好，本身无需接地，可减少安装劳动工作量。

第七章

钢筋制作加工、安装绑扎

本章主要介绍钢筋工程的施工流程和施工工艺上的要点。主要内容包括钢筋工程中钢筋除锈、调直、切断、弯曲、连接的工艺要点、质量要求、检验要求及安全措施。通过要点归纳，掌握钢筋工程的加工要点及注意事项。

钢筋加工前，应确认钢筋的品种、规格、性能、数量等符合现行国家产品标准和设计要求。钢筋进场时，应进行外观检查，钢筋应平直、无损伤，表面不得有裂纹、油污、颗粒状或片状老锈，应按 GB/T 1499.1—2017《钢筋混凝土用钢 第 1 部分：热轧光圆钢筋》、GB/T 1499.2—2018《钢筋混凝土用钢 第 2 部分：热轧带肋钢筋》等规定抽取试件做力学性能试验，其质量必须符合相关标准规定，并检查产品标牌、产品合格证、出厂检验报告，所有钢筋皆需提供复试报告。

第一节 钢筋制作加工工艺及质量要求

钢筋制作加工工艺包括除锈、调直、切断、弯曲、焊接等工艺。钢筋加工宜在常温状态下进行，加工过程中不应加热钢筋。钢筋加工宜采用机械化和工厂预制化。

一、钢筋除锈

为保证钢筋与混凝土之间的握裹力，在钢筋使用前，应将其表面的油渍、漆污、铁锈等清除干净。带有颗粒状或片状老锈的钢筋不得使用。钢筋除锈后如有严重的表面缺陷，应重新检验该批钢筋的力学性能及其他相关性能指标。钢筋除锈的方法有：

（1）在钢筋冷拉或调直过程中除锈。

（2）采用电动除锈机除锈，如图7-1所示。

（3）采用手工除锈（用钢丝刷、砂盘）、喷砂等，如图7-2、图7-3所示。

图7-1 电动除锈机　　　　图 7-2 手工除锈　　　　图7-3 喷砂除锈

二、钢筋调直

使用的钢筋应平直，盘条供应的钢筋使用前需要调直。钢筋调直过程中不应损伤带肋钢筋的横肋。调直后的钢筋应平直，不应有局部弯折。

钢筋调直可采用机械方法，也可采用冷拉方法。机械方法有锤直、扳直等，可以有效控制调直钢筋的质量，宜优先采用。采用冷拉方法时应控制冷拉率，以免影响钢筋的力学性能。

冷拉率计算公式为

$$冷拉率 = \frac{钢筋冷拉后长度 - 冷拉前长度}{钢筋冷拉前长度} \times 100\%$$

若冷拉只是为了调直，而不是为了提高钢筋的强度，则调直冷拉率要求为：HPB235、HPB300级钢筋不宜大于4%，HRB335、HRB400级钢筋不宜大于1%。[①]

如果所用钢筋无弯钩、弯折要求时，调直冷拉率可适当放宽，HPB235、HPB300级钢筋不大于6%，HRB335、HRB400级钢筋不超过2%。

常用钢筋调直机如图7-4所示。

图7-4　钢筋调直机

三、钢筋切断

钢筋下料时必须按下料长度切断，下料长度应力求准确，其允许偏差为+10mm。钢筋切断可采用钢筋切断机或手动切断器，不同方法适用情况如下：

（1）手动切断器（见图7-5）一般切断直径小于12mm的钢筋。

（2）钢筋切断机（见图7-6）可切断不超过40mm的钢筋。

---

① 　HPB 为热轧光圆钢筋，HRB 为热轧带肋钢筋。

（3）大于40mm的钢筋常用氧乙炔焰割切机（见图7-7）或电弧割切或锯断。

图 7-5 手动切断器　　　图 7-6 钢筋切断机　　　图 7-7 氧乙炔焰割切机

四、钢筋弯曲

钢筋下料后，要根据图纸要求弯曲成一定的形状。应根据弯曲设备的特点及工地习惯对钢筋进行划线，以便将其弯曲成规定的（外包）尺寸。

当弯曲形状比较复杂的钢筋时，可先放出实样（足尺放样），再进行弯曲。钢筋弯曲宜采用弯曲机（见图7-8），可弯曲直径6~40mm的钢筋。直径小于25mm的钢筋，当无弯曲机时也可采用扳钩（见图7-9）弯曲。受力钢筋弯曲后，顺长度方向全长尺寸偏差不应超过+10mm，弯曲位置偏差不应超过+10mm。

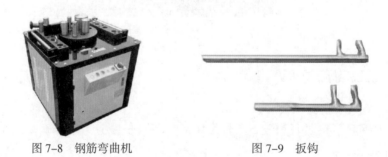

图 7-8 钢筋弯曲机　　　　　　　图 7-9 扳钩

五、钢筋焊接

钢筋焊接的焊工必须持证上岗。钢筋焊接应采用电弧焊，焊接前须清除钢筋表面铁锈、熔渣、毛刺残渣及其他杂质等。焊接地线与钢筋应接触紧密。焊接过程中应及时清渣，焊缝表面应光滑，焊缝余高应平缓过渡，弧坑应填满。接地钢筋的焊接必须采用双面焊，搭接长度为6d且不得小于100mm。

钢筋接头采用焊接时，主筋焊接的同一构件的接头应相互错开，相邻钢筋的焊接接头中心距不小于焊接钢筋直径的35d且不小于500m；同一区域内的同一根钢筋不得有两个接头，并且接头钢筋截面积不得超过钢筋总面积的50%。所有钢筋的焊接应遵守JGJ 18—2012《钢筋焊接及验收规程》的要求，搭接长度按表7-1的要求确定。

表 7-1　　　　　　　　　　焊接搭接长度一览表

类别	接头形式	示意图	适用范围	
			钢筋类别	钢筋直径（mm）
搭接焊	双面焊	$\dfrac{(5d_0)}{4d_0}$（括号内为螺纹钢要求）	HPB300 HRB400	10~22 10~40
	单面焊	$\dfrac{(10d_0)}{8d_0}$（括号内为螺纹钢要求）	HPB300 HRB400	10~22 10~40

第二节　钢筋制作加工检验要求

一、原材料抽检规定

钢筋进场时，应按国家现行标准的规定抽取试件做屈服强度、抗拉强度、伸长率、弯曲性能和重量偏差检验，检验结果必须符合有关标准的规定。检验方法一般为检查质量证明文件和抽样检验报告。

二、受力钢筋的弯钩和弯折

受力钢筋的弯钩和弯折应符合下列规定。

（1）光圆钢筋末端作180°弯钩时，其弯弧内直径不应小于钢筋直径的2.5倍，弯钩的弯后平直段长度不应小于钢筋直径的3倍，如图7-10所示。

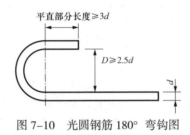

图 7-10 光圆钢筋 180°弯钩图

（2）带肋钢筋弯钩如图7-11所示，335MPa级、400MPa级带肋钢筋的弯弧内直径不应小于钢筋直径的4倍，直径为28mm以下的500MPa级带肋钢筋的弯弧内直径不应小于钢筋直径的6倍，直径为28mm及以上的500MPa级带肋钢筋的弯弧内直径不应小于钢筋直径的7倍。弯钩内弯后平直段长度应符合设计要求。

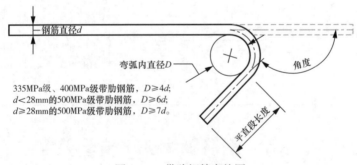

图 7-11 带肋钢筋弯钩图

（3）箍筋弯钩的弯弧内直径除应满足上述受力钢筋的弯钩和弯折的规定外，还应不小于纵向受力钢筋直径。

（4）盘卷钢筋调直后应进行力学性能和重量偏差检验，其强度应符合国家现行有关标准的规定，其断后伸长率、重量偏差应符合GB 50204—2015《混凝土结构工程施工质量验收规范》的规定。

三、箍筋弯钩施工工艺

除焊接封闭环式箍筋外，箍筋、拉筋的末端应做弯钩（见图7-12），弯钩形式应符合设计要求；当设计无具体要求时，应符合下列规定：

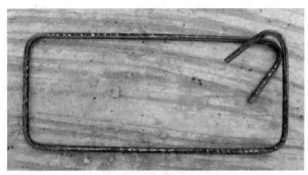

图 7-12　箍筋弯钩图

（1）箍筋弯钩的弯折角度：对一般结构构件，不应小于90°；对有抗震设防要求或涉及有专门要求的结构构件，不应小于135°。

（2）箍筋弯后平直部分长度：对一般结构构件，不宜小于箍筋直径的5倍；对有抗震设防要求或涉及有专门要求的结构构件，不应小于箍筋直径的10倍。

（3）圆形箍筋的搭接长度不应小于其受拉锚固长度，且两末端弯钩的弯折角度不应小于135°，弯折后平直段长度对一般结构构件不应小于箍筋直径的5倍，对有抗震设防要求的结构构件不应小于箍筋直径的10倍。

上述检验项目通过钢尺检查，检查数量按每工作班同一类型钢筋、同一加工设备抽查不应少于3件。

四、其他检查项目

钢筋加工的形状、尺寸应符合设计要求，其偏差应符合表7-2的规定。

表 7-2　　　　　　　　　　钢筋加工的允许偏差

项目	允许偏差
受力钢筋顺长度方向全长的净尺寸	±10mm
弯起钢筋的弯折位置	±20mm
箍筋的内径尺寸	±5mm

第三节　钢筋制作加工作业的安全措施

一、作业环境安全措施

（1）钢筋制作加工必须在规定的地点进行，并将四周围起，无关人员不得逗留。

（2）操作地点应铺设木板，以防触电。

（3）各种操作台均应牢固稳定，工作地点应保持整洁。

（4）拔丝车间内堆放原料或成品的地点，应离开机器和旋转架2m以外。

二、人员安全防护措施

（1）工作时应将裤脚袖口扎好，并穿戴应有的劳保用品。酒后或病中严禁操作机械。

（2）搬运钢筋时，应戴好垫肩，将道路上的障碍物清理干净。抬运时应前后呼应动作一致。

（3）钢筋运输途中必须注意电线，防止触电。

（4）拉直盘圆钢筋时，为防止盘圆的末端脱落伤人，应设置挡拦措施。

（5）室外的电开关箱应设防雨罩。雨天合闸应戴胶皮手套，不用时应锁箱门。不得在电开关箱内存放杂物。

三、设备使用安全措施

（1）机械必须有专人负责管理，定期检修，保持完好；不得超负荷使用；非指定人员严禁开动机器。

（2）工作前应对使用的机械工具进行详细的全面检查，及时维修，以防操作时发生质量和安全事故。

（3）一切电动机械，必须先接好零线并检查没有漏电现象后，方准使用。

（4）机械的传动皮带、飞轮和其他传动部分都应设置防护罩。

（5）使用机械切断时，必须防止断头蹦出伤人；应根据实际情况，设置保护罩。切断机处严禁无关人员靠近。并应经常检查切刀螺栓的松紧，以保证安全使用。

第四节　钢筋安装绑扎要求

一、电缆沟底板下层钢筋绑扎

（1）根据设计图纸要求的钢筋间距弹出底板钢筋位置线。电缆沟钢筋间距控制线如图7-13所示。

图 7-13　电缆沟钢筋间距控制线示意图

（2）按底板钢筋受力情况，确定主受力筋方向（设计无指定时，一般为短跨方向）。下层钢筋先铺主受力筋，再铺纵向钢筋；上层钢筋在梯子筋上先铺设纵向钢筋，再铺设主筋，绑扎牢固。

（3）底板钢筋绑扎可采用顺扣或八字扣，绑点数量应满扎，绑扎应牢固。电缆沟钢筋绑扎效果图如图7-14所示。

钢筋绑扎需间距均匀，钢筋绑扎可采用顺扣或八字扣，绑点数量应满扎，绑扎牢固

图7-14 电缆沟钢筋绑扎效果图

（4）受力钢筋直径不小于 16mm 时，宜采用机械连接，直径小于 16mm 时可采用绑扎连接，搭接长度及接头位置应符合设计及规范要求。

（5）钢筋绑扎后应随即垫好垫块，间距不宜大于 1000mm，采用梅花状布置。

二、电缆沟底板下层钢筋绑扎

（1）钢筋马镫采用纵向梯形架立筋，间距为 2 倍纵向钢筋间距，并与底板下层主钢筋绑牢。马镫架设在底板下层的主筋上，替代部分纵向钢筋，架立筋立棍与纵筋周圈绑扎，纵向连接采用绑扎方法，搭接长度应符合设计或规范规定，相互错开。

（2）在马镫上绑扎上层定位钢筋，并在其上标出钢筋间距，然后绑扎纵、横方向钢筋。电缆沟底板双层钢筋马镫布置及绑扎效果如图7-15、图7-16所示。

马镫与底板下层主钢筋绑牢　　　　　马镫架设在底板下层的主筋上

图 7-15　电缆沟底板双层钢筋马镫布置图

图 7-16　电缆沟底板双层钢筋马镫绑扎效果图

三、墙体插筋绑扎

（1）根据弹好的墙体位置线，将伸入基础底板的插筋绑扎牢固。插筋锚入底板深度应符合设计要求，其上部绑扎两道以上水平筋和水平梯形架立筋，其下部伸入底板部分在钢筋交叉处内部绑扎水平筋，以确保墙体插筋垂直、不位移。斜拉筋必须与底板、侧墙外侧纵向钢筋钩住绑扎，节点内纵向钢筋位于底板、侧墙主筋交叉点内侧绑扎。电缆沟墙壁钢筋安装加固效果如图7-17所示，电缆沟墙壁外侧钢筋效果如图7-18所示。

图 7-17　电缆沟墙壁钢筋安装加固效果图

（2）变形缝钢筋严格按设计图纸绑扎，箍筋固定好中埋式止水带。

（3）底板钢筋和墙插筋绑扎完毕后，经检查验收合格后，方可进行下道工序施工。

（4）现浇电缆沟必须使用热镀锌电缆支架预埋件，相关规格符合设计规范要求。电缆沟电缆支架预埋件效果如图7-19所示。

图 7-18　电缆沟墙壁外侧钢筋效果图

热镀锌电缆支架预埋件

图 7-19　电缆沟电缆支架预埋件效果图

（5）钢筋的绑扎应均匀、可靠，间距、排距、搭接长度、保护层厚度、预埋件位置符合设计要求。确保在混凝土振捣时钢筋不会松散、移位；绑扎的铁丝不应露出混凝土本体。

（6）同一构件相邻纵向受力钢筋的绑扎搭接接头宜相互错开，并满足规范要求。电缆沟钢筋绑扎接头效果如图 7-20 所示。

图 7-20　电缆沟钢筋绑扎接头效果图

（7）箍筋转角与钢筋的交叉点均应扎牢，箍筋的末端应向内弯；底板钢筋绑扎完成后，应采取防止踩踏变形的技术措施。电缆沟钢筋绑扎成品效果如图7-21所示。

图 7-21　电缆沟钢筋绑扎成品效果图

【思考与练习】

　　1.采用冷拉方法进行钢筋调直时，对冷拉率的要求是什么？

　　2.受力钢筋加工质量要求有哪些？

　　3.对箍筋的弯钩和弯折质量验收标准是什么？

　　4.钢筋加工过程的安全措施有哪些？

【知识延伸】

　　钢筋是建筑材料的一种，在钢筋混凝土中用于支撑结构的骨架。钢筋抗拉不抗压，混凝土抗压不抗拉，两者结合后有很好的机械强度，钢筋受到混凝土的保护而不致生锈，而且钢筋与混凝土有着近乎相同的热膨胀系数，不太会产生裂缝而腐蚀，因此成为现代建筑的理想材料。

　　钢筋按形式分为柔性钢筋（普通钢筋）和劲性钢筋。柔性钢筋包括光圆钢筋、螺纹钢筋、人字纹钢筋。柔性钢筋经过铁丝绑扎、焊接成钢筋网、做成平面或空间骨架，以便在模板中浇筑混凝土。

　　钢筋按在结构中的作用，分为受力筋、箍筋、架立筋、分布筋等。受力筋是承受拉、压应力的钢筋。箍筋是承受一部分的斜拉应力，固定受力筋的位置，多用于梁和柱内。架立筋用以固定梁内钢箍的位置，构成梁内的钢筋骨架。分布筋用于屋面板、楼板内，与板的受力筋垂直布置，将承受的重量均匀地传给受力筋，并固定受力筋的位置，以及抵抗热胀冷缩所引起的温度变形。其他类还有因构件构造要求或施工安装需要而配置的构造筋，如腰筋、预埋锚固筋、预应力筋等。

　　钢筋的符号由字母和数字两部分组成。字母H、P、R、B、F、E分别为热轧（Hot-rolled）、光圆（Plain）、带肋（Ribbed）或余热处理（Remained-heat-treatment）、钢筋（Bars）、细粒（Fine）、地震（Earthquake），常用组合主要有HPB（热轧光圆钢筋）、HRB（热轧螺纹钢筋）、HRBF（细晶粒热轧螺纹钢筋）、RRB（余热处理螺纹钢筋）。数字部分代表钢筋的屈服强度，单位为MPa，包括300（Ⅰ级钢筋）、335（Ⅱ级钢筋）、400（Ⅲ级钢筋）、500（Ⅳ级钢筋）。例如符号为HPB300的钢筋，表示屈服强度为300MPa的热轧光圆钢筋（Ⅰ级钢）。

第八章

模板制作、加工、安装和拆除

本章主要介绍普通混凝土模板和清水混凝土模板的原材料控制、制作加工质量要求、检验要求等。主要内容包括木（钢）模板制作及加工的工艺要点、质量要求、检验要求。通过要点归纳，掌握木（钢）模板制作、加工、安装、拆除的操作步骤和注意事项。

第一节　普通混凝土模板制作及加工

一、模板材料选用原则

混凝土结构施工用的模板材料常用木材和钢材两种，如图8-1、图8-2所示。

图 8-1　木材示意图

图 8-2　钢材示意图

为确保所浇筑混凝土结构的施工质量与施工安全，选用的模板材料应具备以下特性：

（1）具有足够的强度。

（2）具有足够的弹性模量，在使用时的变形在允许范围内。

（3）模板接触混凝土的表面必须平整光滑。

（4）尽量选用轻质材料，且能够经受多次周转而不损坏。

二、木模板制作加工要求

1.模板配置方法

（1）按图纸尺寸直接配制模板。形状简单的结构构件，可根据结构施工图纸，直接按尺寸列出模板规格和数量进行配置。

（2）放大样方法配制模板。形体复杂的结构构件，可采用放大样的方法配制模板。在平整的地坪上，按结构图用足尺画出结构构件的实样，量出各部分模板的准确尺寸或套制样板，同时确定模板及其安装的节点构造，进行模板的制作。

（3）按计算方法配制模板。形体复杂的结构构件，尤其是一些不易采用放大样且又有规律的几何形体，可以采用计算方法或计算方法结合放大样方法进行模板的配制。

（4）结构表面展开法配制模板。形体复杂的结构构件，如设备基础，是由各种不同的形体组合而成的复杂体，其模板的配制使用展开法。画出模板平面和展开图，再进行配模设计和模板制作。

2.模板的配制要求

（1）木模板及支撑系统。所用木材不得有脆性、严重扭曲，不应有受潮后容易变形的现象。不得使用图8-3所示易脆裂的木材。

图8-3　木材脆裂示意图

（2）木模厚度。侧模厚度一般可采取20~30mm，底模厚度一般可采取40~50mm。

（3）拼制模板的木板条宽度：工具式模板的木板条不宜宽于150mm，直接与混凝土接触的木板条不宜宽于200mm。

（4）木板条应将拼缝处刨平刨直，模板的木档也要刨直。

（5）钉子长度应为木板厚度的1.5~2倍，每块木板与木档相叠处至少钉2颗钉子。

（6）混水模板正面高低差不得超过3mm；清水模板安装前应将模板正面刨平。

（7）配制好的模板应在反面标明编号和规格，分别堆放保管，以免错用。

（8）模板配制时，应使模板接缝相互错开，合缝严密，各部位的尺寸、形状及相互位置符合图纸要求。

（9）模板支撑应牢固，支设完毕后严禁作业人员踩踏，浇制过程中也应复查模板尺寸，防止模板松动或移位。

三、组合钢模板制作加工要求

1.模板制作质量要求

（1）模板及配件应按GB/T 50214—2013《组合钢模板技术规范》制作。

（2）模板的槽板制作宜采用冷轧冲压整体成型的生产工艺，沿槽板纵向两侧的凸棱倾角应严格按标准图尺寸控制。

（3）模板槽板边肋上的U形卡孔和凸鼓，宜采用一次冲孔和压鼓成型的生产工艺。

（4）模板的组装焊接，宜采用组装胎具定位及合理的焊接顺序。

（5）焊接后的模板，宜采用整形机校正模板的变形。当采用手工校正时，不得碰伤其棱角，且板面不得留有锤痕。

（6）焊缝处外形应光滑、均匀，如图8-4所示，不得有漏焊、焊穿、裂纹等缺陷，且不得产生咬边、夹渣、气孔等缺陷。

图 8-4　焊缝示意图

（7）焊接选用的焊条（见图8-5）材质、性能和直径，应与被焊物相适应。

图 8-5　焊条示意图

（8）U形卡（见图8-6）应采用冷轧工艺成型，卡口弹性夹紧力不应小于1500N。

图 8-6　U形卡示意图

（9）U形卡和L形插销等配件的圆弧半径应符合设计要求，且不得出现非圆弧形的折角皱纹。

（10）各种螺栓连接件，应符合国家现行有关标准。

（11）连接件应采用镀锌表面处理，厚度应为0.05~0.08mm，镀层应均匀，不得有漏镀缺陷。

（12）钢模板及配件的表面必须除去油污、锈迹后，再做防锈处理。处理方法见表8-1。

表 8-1   钢模板及配件的防锈处理

名称	防锈处理
钢模板	板面涂防锈油一道，其他面涂防锈底漆、面漆各一道
U形卡、L形插销、钩头螺栓、紧固螺栓、扣件	镀锌
柱箍	定位器、插销镀锌，其他涂防锈底漆、面漆各一道
钢楞	涂防锈底漆、面漆各一道
支柱、斜撑	插销镀锌，其他涂防锈底漆、面漆各一道
桁架	涂防锈底漆、面漆各一道

注 电泳涂漆和喷塑钢模板可不涂防锈油；U形卡表面可做氧化处理。

2.钢模板组装质量要求

钢模板组装质量应符合表8-2的要求。

表 8-2   钢模板组装质量标准

项目	允许偏差（mm）
两块模板之间的拼接缝隙	≤ 1.0
相邻模板面的高低差	≤ 2.0
组装模板板面的平整度	≤ 2.5
组装模板板面的长宽尺寸	± 2.0
组装模板两对角线长度差值	≤ 3.0

第二节　清水混凝土模板制作及加工

一、模板制作加工要求

模板面板可采用胶合板、钢板、塑料板、铝板、玻璃钢等材料，如图8-7~图8-11所示，满足强度、刚度和周转使用要求，加工性能好。

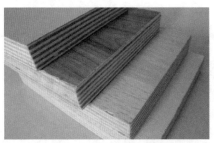
图 8-7　胶合板示意图

图 8-8　钢板示意图

图 8-9　塑料板示意图

图 8-10　铝板示意图

图 8-11　玻璃钢示意图

　　模板的选型应根据设计要求和具体情况确定，应满足清水混凝土质量要求。模板应严格控制加工精度，保证模板表面平整、方正，接缝严密。模板骨架材料应顺直、规格一致，应有足够的强度、刚度，且满足受力要求。

　　模板之间的连接可采用模板夹具、螺栓等连接件。对拉螺栓的规格、品种应根据混凝土侧压力、墙体防水、人防要求和模板面板等情况选用，选用的对拉螺栓应有足够的强度。对拉螺栓套管及堵头应根据对拉螺栓的直径进行确定，可选用塑料、橡胶、尼龙等材料。模板连接如图8-12所示。

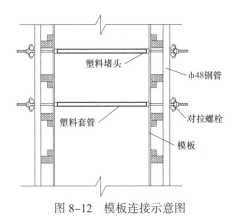
图 8-12　模板连接示意图

木模板材料应干燥，切口宜刨光。对饰面清水混凝土的模板周边加工应采用手工木刨进行找边处理，处理好后的板采用清漆封边，如图8-13所示。两块模板拼缝之间要采用粘胶处理，拼缝模板背面要粘贴海绵条。拼接木模板如图8-14所示。

图 8-13　木模板切口示意图（刨光、清漆封边）　　图 8-14　拼接木模板示意图

二、质量验收要求

质量验收要求因项目是主控项目或一般项目而有所不同。

主控项目主要涉及：

1）安装现浇结构的上层模板及其支架时，下层楼板应具有承受上层荷载的承载能力，或加设支架；上、下层支架的立柱应对准，并铺设垫板。

2）在涂刷模板隔离剂时，不得沾污钢筋和混凝土接槎处等。

一般项目主要涉及：

1）模板的接缝不应漏浆；在浇筑混凝土前，木模板应浇水湿润，但模板内不应有积水。

2）模板与混凝土的接触面应清理干净并涂刷隔离剂，但不得采用影响结构性能或妨碍工程施工的隔离剂。

3）浇筑混凝土前，模板内的杂物应清理干净等。

1.检查数量

（1）主控项目：全数检查。

（2）一般项目：在同一检查批内，抽查构件数量的10%，且不少于3件。

2.质量标准和检验方法

（1）主控项目。

1）原材料控制：通过观察检查。木模板材料应干燥，切口且刨光；模板龙骨不宜有接头，当确需接头时，有接头的主龙骨数量不应超过主龙骨总数量的50%。

2）模板下料：通过观察检查。尺寸应准确，切口应平整，组装前应调平、调直。

3）模板加工后质量控制：通过观察检查。模板加工后宜预拼，应对模板平整度、外形尺寸、相邻板面高低差及对拉螺栓组合情况等进行校核，校核后应对模板进行编号。

（2）一般项目。清水混凝土模板质量验收要求见表8-3。

表8-3　　　　　　清水混凝土模板质量验收要求（一般项目）

序号	检查项目		质量标准（mm）	检验方法
1	模板高度偏差		± 2	钢尺检查
2	模板宽度偏差		± 1	钢尺检查
3	整块模板对角线偏差		≤ 3	钢尺、塞尺检查
4	单块板面对角线偏差	普通清水混凝土	≤ 3	钢尺、塞尺检查
		饰面清水混凝土	≤ 2	
5	板面平整度	普通清水混凝土	3	2m靠尺和楔形塞尺检查
		饰面清水混凝土	2	
6	边肋平直度		2	2m靠尺和楔形塞尺检查
7	相邻面板拼缝高低差	普通清水混凝土	≤ 1.0	直尺和楔形塞尺检查
		饰面清水混凝土	≤ 0.5	
8	相邻面板拼缝间隙		≤ 0.8	塞尺检查
9	连接孔中心距偏差		± 1	游标卡尺检查
10	边框连接孔与面板距离偏差		± 0.5	游标卡尺检查

第三节 模板安装要求

一、安全技术准备工作

（1）应审查模板结构设计与施工说明书中的荷载、计算方法、节点构造和安全措施，设计审批手续应齐全。

（2）应进行全面的安全技术交底，操作班组应熟悉设计与施工说明书，并做好模板安装作业的分工准备。

（3）应对模板和配件进行挑选、检测，不合格者应剔除，并运至工地指定地点堆放。

（4）备齐操作所需的一切安全防护设施和器具。

二、模板构造与安装要求

（1）模板安装应按设计与施工说明书顺序拼装。木杆、钢管、门架等支架立柱不得混用。

（2）竖向模板和支架立柱支撑部分安装在基土上时应加设垫板，垫板应有足够强度和支撑面积，且应中心承载。基土应坚实，并应有排水措施。对湿陷性黄土应有防水措施；对特别重要的结构工程可采用混凝土、打桩等措施防止支架柱下沉；对冻胀性土应有防冻融措施。

（3）模板及其支架在安装过程中必须设置有效防倾覆的临时固定设施。

（4）安装模板应保证工程结构和构件各部分形状、尺寸和相互位置的正确，防止漏浆，构造应符合模板设计要求。

（5）模板应具有足够的承载能力、刚度和稳定性，应能可靠承受新浇混凝土自重和侧压力及施工过程中所产生的荷载。

（6）拼装高度为2m以上的竖向模板，不得站在下层模板上拼装上层模板。

安装过程中应设置临时固定设施。

第四节　模板拆除施工

一、拆除前检查要求

（1）当混凝土未达到规定强度或已达到设计规定强度，需提前拆模或承受部分超设计荷载时，必须经过计算和技术主管确认其强度足够承受此荷载后，方可拆除。

（2）在承重焊接钢筋骨架作为配筋的结构中，承受混凝土重量的模板应在混凝土达到设计强度的25%后方可拆除承重模板。当在已拆除模板的结构上加置荷载时，应另行核算。

（3）大体积混凝土的拆模时间除应满足混凝土强度要求外，还应使混凝土内外温差降低到25℃以下时方可拆模。否则应采取有效措施，防止产生温度裂缝。

（4）拆模前应检查所使用的工具有效和可靠，扳手等工具必须装入工具袋或系挂在身上，并应检查拆模场所范围内的安全措施。

二、模板拆除要求

（1）模板的拆除工作应设专人指挥。作业区应设围栏，围栏内不得有其他工种作业，并应设专人负责监护。拆下的模板、零配件严禁抛掷。

（2）拆模的顺序和方法应按模板的设计规定进行。当设计无规定时，可采取先支的后拆、后支的先拆，先拆非承重模板、后拆承重模板，并应从上而下进行拆除。拆下的模板不得抛扔，应按指定地点堆放。

（3）多人同时操作时，应明确分工、统一信号或行动，应具有足够的操作面，人员应站在安全处。

（4）高处拆除模板时，应符合有关高处作业的规定。严禁使用大锤和撬棍，操作层上临时拆下的模板堆放不能超过3层。

（5）在提前拆除互相搭连并涉及其他后拆模板的支撑时，应补设临时支撑。拆模时，应逐块拆卸，不得成片撬落或拉倒。

（6）拆模如遇中途停歇，应将已拆松动、悬空、浮吊的模板或支架进行临时支撑牢固或相互连接稳固。对活动部件必须一次拆除。

（7）已拆除模板的结构，应在混凝土强度达到设计强度值后方可承受全部设计荷载。若在未达到设计强度以前就需要在结构上加置施工荷载时，应另行核算，强度不足时应加设临时支撑。

（8）遇6级或6级以上大风时，应暂停室外的高处作业。雨、雪、霜后应先清扫施工现场，方可进行工作。

（9）拆除有洞口模板时，应采取防止操作人员坠落的措施。洞口模板拆除后，应及时进行防护。

【思考与练习】

1.普通混凝土模板的选料原则是什么？

2.木模板制作加工的配置方法有哪些？

3.对组合钢模板制作质量有哪些要求？

4.清水混凝土模板制作加工质量的验收标准是什么？

【知识延伸】

建筑模板的材质有多种类型，有木模板、超强复合模板、组合式钢模板、铝模板、竹胶木板等，不同类型具有不同的特点。

木模板适用于高层建筑中的水平模板、剪力墙、垂直墙板、高架桥、立交桥、大坝、隧道和梁柱模板等。木模板强度较强、韧性好，但不阻燃，易吸水变形。在施工中需要使用脱模剂，耐腐蚀、耐硫酸性差，周转次数6~8次，单次使用成本较高。

超强复合模板的板面采用高分子无水性纤维面皮，耐冲击、耐磨损，使用寿命长，表面平滑、光洁，混凝土结构好，可直接达到清水墙效果。无需使用脱模剂，除去下方支撑，基本自动脱模。周转次数可达30~50次，可定制、可回收，单次使用成本低。

组合式钢模板是一种"以钢代木"的新型模板，采用现代模板生产技术，具有通用性强、装拆方便、周转次数多等优点。用它进行现浇钢筋混凝土结构施工，可事先按设计要求组拼成梁、柱、墙、楼板的大型模板，整体吊装就位，也可采用散装散拆方法。具有阻燃性，不吸水不变形，但脱模困难，需要使用脱模剂，最高可以周转30次，单次使用成本高。

铝模板是铝合金制作的新型建筑模板，建筑行业新兴起的绿色施工模板，具有操作简单、施工快、回报高、环保节能、使用次数多、混凝土浇筑效果好、可回收等特点。还具有阻燃性，不吸水不变形，对比于钢模板，其重量轻、操作方便，可直接达到清水效果，最高可以周转30~50次。但因其市场价格高，单次使用成本较高。

竹胶模板做出的构件表面光滑平整，可以节约抹灰工序，适用于房屋建筑中的水平模板、剪力墙、垂直墙板、大桥、高架桥、大坝、隧道地铁和梁桩模板等。但竹胶模板不阻燃，不可回收，易吸水变形，耐腐蚀性差，一般周转10次，单次使用成本较高。

第九章

混凝土基础施工

本章介绍混凝土基础浇筑及养护的施工流程，主要内容包括施工前准备、工艺要点，同时介绍配电施工过程中钢管杆、铁塔及设备基础混凝土浇筑及养护工艺要求、质量检验标准。通过要点归纳，掌握混凝土基础浇筑及养护的操作步骤和注意事项。

第一节　施工作业前准备

一、机械、工器具、材料准备

（1）施工机械设备、工器具进场清单及检验报告、试验报告、规格、型号等相关资料准备齐全并进行报审。

（2）挖掘机、自卸翻斗车、混凝土搅拌机、振捣棒、平板振动器、自卸翻斗车、发电机、配电箱临时用电设备等。

（3）作业人员主要工器具包括挖勺、铁钎、锄头、铁铲等。

（4）施工主要工器具包括水准仪、经纬仪、钢卷尺等各类测量仪器。

（5）施工材料包括砖、钢筋、地脚螺栓、水泥、砂、石、工程用水等。

混凝土结构工程用水泥，应使用同一生产厂家、同一强度等级、同一品种、同一批号且连续进场的水泥。砂宜采用平均粒径0.35~5.50mm的中砂，使用前根据使用要求过筛，保持洁净；进场后按相关标准检验，有害物质含量小于1%，含泥量不宜超过3%。工程中水泥混凝土及其制品用石，应采用同一产地天然岩石或卵石经破碎、筛分而得的岩石颗粒，且公称粒径在2.00~5.00cm。工程用水宜采用饮用水、河水、湖水、井水等，应经检测合格后方可使用。

二、作业人员准备

（1）按照批准的施工进度计划统筹安排施工力量，进场的各工种作业人员数量应满足施工需要。

（2）对进场的作业人员（包括分包人员）需进行安全技术培训，经考试合格后报监理、业主项目部备案。特殊工种人员需持证上岗。

三、临时围护等安全措施

施工区应实行封闭管理，应采用安全围栏进行围护、隔离、封闭。

四、技术、安全、质量要求

（1）完成设计、安全技术交底和施工图会检工作。

（2）完成项目管理实施规划及施工方案的审批工作。

（3）技术、安全、质量交底：每个分项工程必须分级进行施工技术、安全、质量交底。交底内容要充实，具有针对性和指导性，全体参加作业的人员都要参加交底并签名，形成书面交底记录。

第二节　钢管杆、铁塔基础

钢管杆、铁塔基础施工流程包括基坑整平、垫层浇筑、钢筋绑扎、基础支模、基础浇筑、基础拆模、接地体敷设、基础养护、基础回填。

一、基坑整平

基坑开挖至设计标高后，需进行基坑整平。施工单位必须会同设计、监理等单位共同进行验坑，合格后方能进行基础施工。

二、垫层浇筑及养护

（1）垫层浇筑前应做好验槽工作，数据应符合设计图纸要求。

（2）铁塔基础坑深超过设计坑深100mm时，其超深部分应铺石灌浆，铺石灌浆的配合比应符合设计要求。

（3）垫层材料宜采用混凝土，若图纸中采用其他材料，以设计图纸为准，满足强度及工艺的相关要求。

（4）应确保垫层下的地基稳定且已夯实、平整。

（5）若有地下水，应采取适当的处理措施，在垫层混凝土浇筑时应保证无水施工。

（6）混凝土的强度、坍落度应满足设计要求，且强度等级应满足设计要求。混凝土不能有离析现象。

（7）根据基坑开挖标高控制桩上的标高控制线，按设计要求向下量出垫层标高，钉好相应垫层控制桩。

（8）垫层混凝土浇筑要求。

1）拌和混凝土：现场原材料计量应专人负责，必须按配合比以质量计量。质量允许偏差：水泥 ±2%；粗细骨料 ±3%；水、外加剂溶液 ±2%。应按规定比例、顺序投料，先加石子，后加水泥，最后加砂和水。混凝土搅拌时间一般不小于90s。

2）混凝土浇筑的方法应满足施工方案要求，应从一端开始连续浇筑，间歇时间不得超过2h。

3）混凝土浇筑的振捣方法一般采用平板振动器振捣，振捣时间不宜过长。垫层混凝土应密实，上表面应平整。采用平板振动器时，其移动间距应保证振动器的平板能覆盖已振实部分的边缘。

4）混凝土振捣密实后，以垫层控制桩上水平控制点为标志，先刮平，然后表面搓平。带线检查平整度，高出的地方铲平，凹的地方补平并补充振捣。

5）浇筑完毕后，应在12h内覆盖塑料薄膜进行保湿养护。养护期应满足设计要求并设专人检查落实，强度达到1.2N/mm^{2}前，不得在其上踩踏或安装其他模板支架等。

（9）如遇冬、雨季作业，露天浇筑的混凝土垫层均应另行编制季节性施工方案，制定有效的技术措施，以确保混凝土质量。

三、钢筋绑扎

（1）钢筋加工须符合GB 50204《混凝土结构工程施工质量验收规范》要求，钢筋箍筋、拉筋的末端应按设计要求做弯钩，弯钩的弯折角度、弯折后平直段长度应符合标准规定。

（2）钢筋加工及制作前应按材料表核对基础钢筋的品种、规格、数量，同时检查钢筋表面应清洁，如有污秽和浮锈应清除干净。

（3）钢筋弯制前必须对照施工图对钢筋的级别进行核对，严禁混淆。

（4）钢筋连接一般采用焊接及机械连接，其标准应符合JGJ 18《钢筋焊接及验收规程》和JGJ 107《钢筋机械连接技术规程》要求，在同一连接区段内的接头错开布置，接头数量不得超过50%。钢筋绑扎牢固、均匀。

（5）钢筋安装时，受力钢筋的品种、级别、规格和数量必须符合设计要求。交叉点必须全部绑扎牢固，钢筋保护层厚度必须符合设计要求。

（6）钻孔灌注桩基础钢筋骨架安装前应设置垫块，确保钢筋保护层厚度。入孔时避免碰撞孔壁，钢筋笼就位后，必须采取必要的防止钢筋骨架上浮的措施。

四、基础支模及地脚螺栓安装

（1）支模前应检查基坑的深度、大小、方位，清除杂物。

（2）模板及其支撑应具有足够的承载能力、刚度和稳定性，各部位的尺寸、形状及相互位置符合图纸要求。模板表面应采取有效脱模措施，以保证混凝土表面质量。

（3）地脚螺栓应安装牢固，尺寸校核准确，安装前应除去浮锈，螺纹部分应予以保护。

（4）转角、终端塔应按设计要求采取预偏措施。

五、基础浇筑

1.台阶式、掏挖式基础浇筑

（1）浇筑前复核支模后地脚螺栓的规格、间距，基础根开、标高，钢筋的规格、布置及保护层厚度，并做好记录。

（2）坑内积水、杂物、塌土应清理干净；钢筋上泥土及浮锈应清除干净。

（3）严格按照混凝土设计配合比配制，混凝土配比材料用量每班日或每基基础应至少检查两次坍落度。

（4）混凝土下料时，混凝土自由倾落高度超过2m时应采用溜槽等措施。

（5）试块应在现场从浇筑中的混凝土取样制作，试块养护条件应与基础养护条件相同。混凝土试块强度试验，应由具备相应资质的检测机构进行。现场浇筑混凝土强度应以试块强度为依据，应符合设计要求。

（6）试块制作数量应符合下列规定：

1）转角、耐张、终端及直线转角塔基础每基应取一组。

2）一般直线塔基础，同一施工队（班、组）每5基或不满5基应取一组，单基或连续浇筑混凝土量超过100m^{3}时应取1组。

3）按大跨越设计的直线塔基础及拉线基础，每腿应取1组，但当基础混凝土量不超过同工程中大转角或终端塔基础时，则应每基取1组。

4）当原材料变化，配合比变更时应另外制作。

（7）浇筑混凝土应连续进行，当必须间歇时，其间歇时间宜尽量缩短，对于不掺外加剂的混凝土，其允许间歇时间不超过2h；当温度高达30℃左右时，不应超过1.5h；当温度低于10℃左右时，可延至2.5h。

（8）混凝土宜分层浇筑，分层振捣，每一个振点的振捣延续时间，应使混凝土不再往上冒气泡，表面呈现浮浆和不再沉落时为止。

（9）混凝土应一次连续浇筑完成，不得出现施工缝。

（10）在浇筑过程中，应随时检查地脚螺栓位置的准确性。混凝土表面在终凝前进行收光抹面。

（11）当连续5天室外日平均气温低于5℃时，混凝土基础工程应采取冬期施工措施，并应及时采取气温突然下降的防冻措施。

（12）冬期施工不得在已冻结的基坑底面浇筑混凝土。

2.钻孔灌注桩基础浇筑

（1）清孔干净及钢筋笼就位合格后，就要立即安装好砼料车进行浇筑。

（2）水下混凝土采用直升导管法进行灌注。在灌注首批混凝土时，在漏斗中放足够数量的混凝土后，放开隔水栓使漏斗中存备的混凝土连同隔水栓向孔底猛落，将导管内的水挤出，并使导管在混凝土内，埋入混凝土面以下不小于2m，严禁将导管底端提出混凝土面。此后向导管连续灌注混凝土。混凝土及其上面的水或泥浆不断被顶托升高，相应地不断提升导管和拆除导管，直至钻孔灌注混凝土完毕。

（3）水下灌注的混凝土应具有良好的和易性，坍落度宜选用180~220mm。

（4）水下混凝土的灌注应连续进行，不得中断。

（5）混凝土灌注到地面后应清除桩顶部浮浆层，单桩基础可安装桩头模板、找正和安装地脚螺栓、灌注桩头混凝土。桩头模板与灌注桩直径应相吻合，不得出现凹凸现象。地面以上桩基础应达到表面光滑、工艺美观。

（6）灌注桩应按设计要求验桩。灌注桩基础混凝土强度检验应以试块为依据。试块的制作应每根桩取1组。

（7）混凝土应一次浇筑成型，基桩检测合格后方可进行承台（或桩头）、连梁施工。杜绝二次抹面、喷涂等修饰。

六、基础拆模

（1）混凝土浇筑完毕后应加强养护，当混凝土达到设计强度的75%后方可拆除模板。

（2）拆模时应保证其表面及棱角不损坏，避免碰撞地脚螺栓，防止松动。

（3）拆模后基础外观质量无缺陷，表面平整光滑。

（4）拆模后应清除地脚螺栓的混凝土残渣，地脚螺栓丝扣部分涂裹黄油，加盖地脚螺丝保护套，做好保护措施。

七、接地体敷设

（1）接地体材料品种、规格、性能等应符合现行国家产品标准和设计要求。

（2）依据施工图规定的接地装置型式进行沟体开挖，沟底应平整无杂物。

（3）接地体的埋入深度及接地电阻值应符合设计要求，埋入深度不得有负偏差。

（4）如有两条及以上接地沟布设时，两接地沟间平行距离不应小于5m。

（5）接地沟回填应符合设计要求，应分层夯实。

八、基础养护

现场浇筑混凝土的养护应符合下列规定：

（1）浇筑后应在12h内开始浇水养护，当天气炎热、干燥有风时，应在3h内进行浇水养护，养护时应在基础模板外加遮盖物，浇水次数应能保持混凝土表面始终湿润。

（2）对普通硅酸盐和矿渣硅酸盐水泥拌制的混凝土，浇水养护不得少于7天；对掺用缓凝型外加剂或有抗渗要求的混凝土，不得少于14天；当使用其他品种水泥时，应按有关规定养护。

（3）基础拆模经表面质量检查合格后应立即回填，并应对基础外露部分加遮盖物。应按规定期限继续浇水养护，养护时应使遮盖物及基础周围的土始终保持湿润。

（4）采用养护剂养护时，应在拆模并经表面检查合格后立即涂刷，涂刷后不得浇水。

（5）日平均温度低于5℃时，不得浇水养护。

九、基础回填

（1）回填前，应清除坑内的杂质，检查基础组件的完好。

（2）杆塔基础坑回填，应符合设计要求；应分层夯实，每回填300mm厚度应夯实一次。坑口的地面上应筑防沉层，防沉层的上部边宽不得小于坑口边宽。其高度应根据土质夯实程度确定，基础验收时宜为300~500mm。经过沉降后应及时补填夯实。工程移交时，坑口回填土不应低于地面。沥青路面、砌有水泥花砖的路面或城市绿地内可不留防沉土台。基坑回填验收要点见表9-1。

表 9-1　　　　　　　　　　　基坑回填验收要点

序号	检查项目	质量标准	检验方法及器具
1	基础坑深度	允许偏差为 +100mm、-50mm	用钢尺检查
2	直线杆整基基础中心与中心桩间的位移横线路方向	地脚螺栓式允许偏差为30mm	用经纬仪或全站仪检查
3	转角杆整基基础中心与中心桩间的位移横线路方向、顺线路方向	地脚螺栓式允许偏差均为30mm	用经纬仪或全站仪检查
4	基础根开及对角线尺寸、整基基础扭转	地脚螺栓式允许偏差 ±2‰、允许偏差 10′	用钢尺检查
5	基础单腿尺寸允许偏差	保护层厚度 -5mm、立柱及各底座断面尺寸 -1%、同组地脚螺栓中心对立柱中心偏移 10mm、地脚螺栓露出混凝土面高度 +10mm，-50mm	用钢尺检查
6	接地沟深度	不应有负偏差	用钢尺检查
7	掏挖基础成孔允许偏差	孔径允许偏差 0，+100mm；孔垂直度允许偏差 <桩长的0.5%；孔深允许偏差 0，+100mm	用钢尺检查
8	钻孔桩成孔允许偏差	孔径允许偏差 -50mm；孔垂直度允许偏差 <桩长的1%；孔深允许偏差 ≥设计深度。	用钢尺检查

续表

序号	检查项目	质量标准	检验方法及器具
9	钻孔灌注桩钢筋制作安装允许偏差	允许偏差：主筋间距 ±10mm、箍筋间距 ±20mm、钢筋骨架直径 ±10mm、钢筋骨架长度 ±50mm、钢筋保护层厚度 ±10mm	用钢尺检查
10	拉线坑深度、拉线坑马道坡度及方向	不应有负偏差，符合设计要求	用钢尺检查
11	地脚螺栓规格、数量	符合设计要求	用钢尺检查
12	主钢筋规格、数量	符合设计要求	用钢尺检查
13	混凝土强度、试块强度	符合设计要求	检测报告
14	混凝土表面质量	外观质量无缺陷及表面平整光滑	目测

第三节　混凝土缺陷修整

混凝土结构缺陷可分为尺寸偏差缺陷和外观缺陷。尺寸偏差缺陷和外观缺陷可分为一般缺陷和严重缺陷。混凝土结构尺寸偏差超出规范规定，但尺寸偏差对结构性能和使用功能未构成影响时，应属于一般缺陷；而尺寸偏差对结构性能和使用功能构成影响时，应属于严重缺陷。外观缺陷分类应符合表9-2中规定。

表9-2　　　　　　　　　混凝土外观缺陷分类

序号	名称	现象	严重缺陷	一般缺陷
1	露筋	构件内钢筋未被混凝土包裹而外露	纵向受力钢筋有露筋	其他钢筋有少量露筋
2	蜂窝	混凝土表面缺少水泥砂浆而形成石子外露	构件主要受力部位有蜂窝	其他部位有少量蜂窝
3	孔洞	混凝土中孔穴深度和长度均超过保护层厚度	构件主要受力部位有孔洞	其他部位有少量孔洞
4	夹渣	混凝土中夹有杂物且深度超过保护层厚度	构件主要受力部位有夹渣	其他部位有少量夹渣

续表

序号	名称	现象	严重缺陷	一般缺陷
5	疏松	混凝土中局部不密实	构件主要受力部位有疏松	其他部位有少量疏松
6	裂缝	缝隙从混凝土表面延伸至混凝土内部	构件主要受力部位有影响结构性能或使用功能的裂缝	其他部位有少量不影响结构性能或使用功能的裂缝
7	连接部位缺陷	构件连接处混凝土有缺陷及连接钢筋、连接件松动	连接部位有影响结构传力性能的缺陷	连接部位有基本不影响结构传力性能的缺陷
8	外形缺陷	缺棱掉角、棱角不直、翘曲不平、飞边凸肋等	清水混凝土构件有影响使用功能或装饰效果的外形缺陷	其他混凝土构件有不影响使用功能的外形缺陷
9	外表缺陷	构件表面麻面、掉皮、起砂、沾污等	具有重要装饰效果的清水混凝土构件有外表缺陷	其他混凝土构件有不影响使用功能的外表缺陷

施工过程中发现混凝土结构缺陷时，应认真分析缺陷产生的原因。对于严重缺陷，施工单位应制订专项修整方案，方案应经论证审批后再实施，不得擅自处理。

（1）混凝土结构外观一般缺陷修整应符合下列规定：

1）露筋、蜂窝、孔洞、夹渣、疏松、外表缺陷，应凿除胶结不牢固部分的混凝土，应清理表面，洒水湿润后应用1:2～1:2.5水泥砂浆抹平。

2）应封闭裂缝。

3）连接部位缺陷、外形缺陷可与面层装饰施工一并处理。

（2）混凝土结构外观严重缺陷修整应符合下列规定：

1）露筋、蜂窝、孔洞、夹渣、疏松、外表缺陷，应凿除胶结不牢固部分的混凝土至密实部位，清理表面，支设模板，洒水湿润，涂抹混凝土界面剂，应采用比原混凝土强度等级高一级的细石混凝土浇筑密实，养护时间不应少于7天。

2）开裂缺陷修整应符合下列规定：

a.在进行修复之前，需要对缺陷进行详细的评估，确定缺陷的原因、范围和严重程度。

b.根据评估结果，设计合理的修复方案。修复方案应包括修复方法、材料选择、施工工艺等。

c.选择合适的修复材料，如水泥砂浆、环氧树脂、碳纤维布等，确保修复材料具有足够的强度和耐久性。

d.按照修复方案进行施工，确保施工质量。修复过程中应遵循相关的施工标准和操作规程。

e.修复完成后，应进行验收和检测，确保修复效果符合标准要求。

f.在修复完成后，对结构进行持续的监控和检查，以确保修复措施的长期有效性。

（3）民用建筑的地下室、卫生间、屋面等接触水介质的构件，均应注浆封闭处理。民用建筑不接触水介质的构件，可采用注浆封闭、聚合物砂浆粉刷或其他表面封闭材料进行封闭。

1）无腐蚀介质工业建筑的地下室、屋面、卫生间等接触水介质的构件，以及有腐蚀介质的所有构件，均应注浆封闭处理。无腐蚀介质工业建筑不接触水介质的构件，可采用注浆封闭、聚合物砂浆粉刷或其他表面封闭材料进行封闭。

2）清水混凝土的外形和外表严重缺陷，宜在水泥砂浆或细石混凝土修补后用磨光机械磨平。

（4）混凝土结构尺寸偏差一般缺陷，可结合装饰工程进行修整。

（5）混凝土结构尺寸偏差严重缺陷，应会同设计单位共同制订专项修整方案，结构修整后应重新检查验收。

第四节　冬期、高温和雨期施工

一、一般规定

（1）根据当地多年气象资料统计，当室外日平均气温连续5日稳定低于5℃时，应采取冬期施工措施；当室外日平均气温连续5日稳定高于5℃时，可解除冬期施工措施。当混凝土未达到受冻临界强度而气温骤降至0℃以下时，应按冬期施工的要求采取应急防护措施。工程越冬期间，应采取维护保温措施。

（2）当日平均气温达到30℃及以上时，应按高温施工要求采取措施。

（3）雨季和降雨期间，应按雨期施工要求采取措施。

（4）混凝土冬期施工，应按JGJ/T104《建筑工程冬期施工规程》的有关规定进行热工计算。

二、冬期施工

（1）冬期施工混凝土宜采用硅酸盐水泥或普通硅酸盐水泥；采用蒸汽养护时，宜采用矿渣硅酸盐水泥。

（2）用于冬期施工混凝土的粗、细骨料中，不得含有冰、雪冻块及其他易冻裂物质。

（3）冬期施工混凝土用外加剂，应符合GB 50119《混凝土外加剂应用技术规范》的有关规定。采用非加热养护方法时，混凝土中宜掺入引气剂、引气型减水剂或含有引气组分的外加剂，混凝土含气量宜控制在3.0%～5.0%。

（4）冬期施工混凝土配合比，应根据施工期间环境气温、原材料、养护方法、混凝土性能要求等经试验确定，并宜选择较小的水胶比和坍落度。

（5）冬期施工混凝土搅拌应符合下列规定：

1）液体防冻剂使用前应搅拌均匀，由防冻剂溶液带入的水分应从混凝土拌合水中扣除。

2）蒸汽法加热骨料时，应加大对骨料含水率测试频率，并应将由骨料带入的水分从混凝土拌合水中扣除。

3）混凝土搅拌前应对搅拌机械进行保温或采用蒸汽进行加温，搅拌时间应比常温搅拌时间延长30~60s。

4）混凝土搅拌时应先投入骨料与拌合水，预拌后再投入胶凝材料与外加剂。胶凝材料、引气剂或含引气组分外加剂不得与60℃以上热水直接接触。

（6）混凝土拌合物的出机温度不宜低于10℃，入模温度不应低于5℃；预拌混凝土或需远距离运输的混凝土，混凝土拌合物的出机温度可根据距离经热工计算确定，但不宜低于15℃。大体积混凝土的入模温度可根据实际情况适当降低。

（7）混凝土运输、输送机具及泵管应采取保温措施。当采用泵送工艺浇筑时，应采用水泥浆或水泥砂浆对泵和泵管进行润滑、预热。混凝土运输、输送与浇筑过程中应进行测温，其温度应满足热工计算的要求。

（8）混凝土浇筑前，应清除地基、模板和钢筋上的冰雪和污垢，并应进行覆盖保温。

（9）混凝土分层浇筑时，分层厚度不应小于400mm。在被上一层混凝土覆盖前，已浇筑层的温度应满足热工计算要求，且不得低于2℃。

（10）混凝土浇筑后，对裸露表面应采取防风、保湿、保温措施，对边、棱角及易受冻部位应加强保温。在混凝土养护和越冬期间，不得直接对负温混凝土表面浇水养护。

（11）冬期施工混凝土强度试件的留置，除应符合GB 50204《混凝土结构工程施工质量验收规范》的有关规定外，尚应增加不少于2组的同条件养护试件。同条件养护试件应在解冻后进行试验。

三、高温施工

（1）高温施工时，露天堆放的粗、细骨料应采取遮阳防晒等措施。必要时，可对粗骨料进行喷雾降温。

（2）高温施工的混凝土配合比设计，除应符合 GB 50204—2015《混凝土结构工程施工质量验收规范》和 GB 50666—2023《混凝土工程施工规范》等相关国家标准和行业标准规定，还应重点关注以下方面的参数要求：

1）应分析原材料温度、环境温度、混凝土运输方式与时间对混凝土初凝时间、坍落度损失等性能指标的影响，根据环境温度、湿度、风力和采取温控措施的实际情况，对混凝土配合比进行调整。

2）宜在近似现场运输条件、时间和预计混凝土浇筑作业最高气温的天气条件下，通过混凝土试拌、试运输的工况试验，确定适合高温天气条件下施工的混凝土配合比。

3）宜降低水泥用量，并可采用矿物掺合料替代部分水泥；宜选用水化热较低的水泥。

4）混凝土坍落度不宜小于70mm。

（3）混凝土的搅拌应符合下列规定：

1）应对搅拌站料斗、储水器、皮带运输机、搅拌楼采取遮阳防晒措施。

2）对原材料进行直接降温时，宜采用对水、粗骨料进行降温的方法。对水直接降温时，可采用冷却装置冷却拌合用水，并应对水管及水箱加设遮阳和隔热设施，也可在水中加碎冰作为拌合用水的一部分。混凝土拌合时掺加的固体冰应确保在搅拌结束前融化，且在拌合用水中应扣除其重量。

3）当需要时，可采取掺加干冰等附加控温措施。

（4）混凝土宜采用白色涂装的混凝土搅拌运输车运输；混凝土输送管应进行遮阳覆盖，并应洒水降温。

（5）混凝土拌合物入模温度应符合 GB 50204—2015 和相关行业标准的规定。

（6）混凝土浇筑宜在早间或晚间进行，且应连续浇筑。当混凝土水分蒸发较快时，应在施工作业面采取挡风、遮阳、喷雾等措施。

（7）混凝土浇筑前，施工作业面宜采取遮阳措施，并应对模板、钢筋和施工机具采用洒水等降温措施，但浇筑时模板内不得积水。

（8）混凝土浇筑完成后，应及时进行保湿养护。侧模拆除前宜采用带模湿润养护。

四、雨期施工

（1）雨期施工期间，水泥和矿物掺合料应采取防水和防潮措施，并应对粗骨料、细骨料的含水率进行监测，及时调整混凝土配合比。

（2）雨期施工期间，应选用具有防雨水冲刷性能的模板脱模剂。

（3）雨期施工期间，混凝土搅拌、运输设备和浇筑作业面应采取防雨措施，并应加强施工机械检查维修及接地接零检测工作。

（4）雨期施工期间，除应采用防护措施外，小雨、中雨天气不宜进行混凝土露天浇筑，且不应进行大面积作业的混凝土露天浇筑；大雨、暴雨天气不应进行混凝土露天浇筑。

（5）雨后应检查地基面的沉降，并应对模板及支架进行检查。

（6）雨期施工期间，应采取防止模板内积水的措施。模板内和混凝土浇筑分层面出现积水时，应在排水后再浇筑混凝土。

（7）混凝土浇筑过程中，因雨水冲刷致使水泥浆流失严重的部位，应采取补救措施后再继续施工。

（8）在雨天进行钢筋焊接时，应采取挡雨等安全措施。

（9）混凝土浇筑完毕后，应及时采取覆盖塑料薄膜等防雨措施。

（10）台风来临前，应对尚未浇筑混凝土的模板及支架采取临时加固措施；台风结束后，应检查模板及支架，已验收合格的模板及支架应重新办理验收手续。